奇妙的
生命周期

萬物從誕生至終結，
生生不息

首席顧問：德瑞克·哈維

插圖：山姆·法爾康納

新雅文化事業有限公司
www.sunya.com.hk

Penguin Random House

新雅・知識館

奇妙的生命周期

萬物從誕生至終結，生生不息

首席顧問：德瑞克・哈維（Derek Harvey）

作者：史提夫・瑟弗（Steve Setford）

露西・斯佩爾曼（Lucy Spelman）

艾米莉・基布爾（Emily Keeble）

克林特・賈努利斯（Klint Janulis）

查理・華樂勤（Richard Walker）

蘇菲・艾倫（Sophie Allan）

安西亞・拉奇亞（Anthea Lacchia）

插圖：山姆・法爾康納（Sam Falconer）

翻譯：羅睿琪

責任編輯：劉紀均

美術設計：鄭雅玲

出版：新雅文化事業有限公司

香港英皇道499號北角工業大廈18樓

電話：(852)2138 7998

傳真：(852)2597 4003

網址：http://www.sunya.com.hk

電郵：marketing@sunya.com.hk

發行：香港聯合書刊物流有限公司

香港荃灣德士古道220-248號荃灣工業中心16樓

電話：(852)2150 2100

傳真：(852)2407 3062

電郵：info@suplogistics.com.hk

版次：二〇二〇年十一月初版

二〇二四年六月第二次印刷

版權所有・不准翻印

For the curious

www.dk.com

奇妙的生命周期

萬物從誕生至終結，
生生不息

目錄

動物

什麼是
生命周期？

鳥類，以及大部分爬行類和兩棲類動物都會產下受精卵，牠們會在母體外發育成長。

生命總是依循着一定的規律在不斷變化，包括我們在內的生物都會生長、繁衍後代和死亡，而沒有生命的死物也有不斷重複的演變過程，由高山、岩石與河流，到行星、彗星與恆星亦然。我們把這些規律稱為「生命周期」。

生命周期是環環相扣的。植物從土壤中吸取養分和水，從陽光中獲得能量；動物靠進食植物或其他動物來成長；許多植物依賴昆蟲等動物傳播花粉，讓它們產生種子及繁殖。當植物和動物死亡後，這些遺骸會腐化，成為土壤的一部分，滋養新的植物。

我們周遭所見的生命周期看似永無休止，出生與成長跟損耗與腐敗互相平衡，不過這些周期其實非常脆弱，不論是自然發生或是人類造成的任何變化，都可能打破這些平衡。一旦脆弱物種的生命周期被破壞，牠們的數量便可能逐漸減少，然後步向滅絕；但同時新的物種可能在數以百萬年間，透過演化誕生。

地球與太空

我們的地球會不斷變化。岩石會被磨蝕耗損，並重新形成新的岩石；水會在海洋、天空和陸地之間循環。在太空裏，氣體和塵埃會形成彗星和恆星，然後它們會燃燒殆盡，再次變回氣體和塵埃。

地球的生命周期對宇宙138億年的歷史而言，只是一塊微細的碎片。

有性繁殖周期

有性繁殖需要兩個個體參與，分別是雄性及雌性，每個個體都會各自提供一顆生殖細胞。雌性的卵子會與雄性的精子結合，這個過程稱為受精，然後受精卵就會發育成新的動物或植物。

當植物中雌性的卵子細胞與雄性的生殖細胞，即花粉結合並受精後，便會形成種子。每顆種子都包含着一棵新植物的開端。

大部分魚類會把卵子或精子直接排進水中，那樣便會完成受精的過程了。

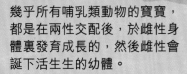

幾乎所有哺乳類動物的寶寶，都是在兩性交配後，於雌性身體裏發育成長的，然後雌性會誕下活生生的幼體。

真菌、苔蘚和蕨類依靠孢子來繁殖，孢子和種子很相似，但比種子細小得多，結構也較為簡單。

無性繁殖周期

有些植物和動物能夠進行無性繁殖，即只靠單一母體便能繁殖。幼體會由未經受精的卵子，或是來自母體的一小部分發育出來，所以幼體是跟母體一模一樣的複製品。

蒲公英能夠無性繁殖出種子，無須授粉。

新的岩石會在地底形成，或是由火山噴出的熾熱熔岩冷卻後變硬產生的。

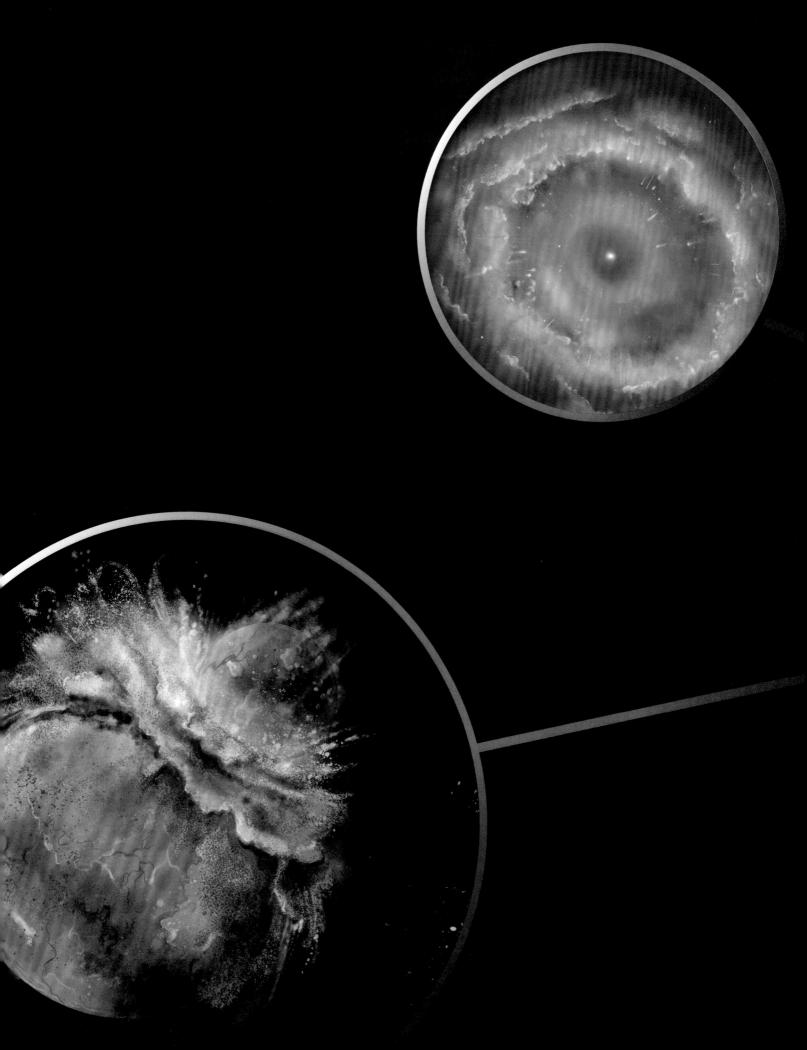

太空

我們難以想像太空之遼闊，而且當中更充滿了令人興奮的事物，例如行星、衞星、星系和黑洞。太空會恆常地變化，由一團團美麗的塵埃與氣體形成的恆星，會在它們的生命周期中不斷演化，再慢慢消亡，或是在一次驚人的巨型爆炸後消失。一切已經形成或是將會形成的事物，都是在太空中創造出來的，包括形成你的那些物質！

在大爆炸後不足1秒內，夸克便形成了。

大爆炸

在138億年前，宇宙只是一顆甚至比鹽粒還要細小的一點。在一次巨型的爆炸中，整個宇宙，包括空間與時間便一下子出現了。隨着宇宙向四方八面擴張，它也開始慢慢冷卻。

在這階段，宇宙的溫度超過攝氏10億度。

宇宙早期的光仍然存在，成為一種光芒暗淡的輻射。

數分鐘後

夸克是構成所有物質的基礎，夸克形成了稱為質子和中子的微小次原子粒子。宇宙如今冷卻至足以讓這些粒子組成簡單的原子核，即原子的中心。

38萬年後

宇宙的溫度終於下降至可以讓原子核捕獲電子，以形成完整的原子。宇宙成為了一團不斷膨脹、旋轉的氣體。

3億年後

經過漫長的時間，宇宙中的氣體被重力拉扯成一團。當氣體團坍陷時就會變熱，第一批恆星便開始誕生了。

了解更多
請翻開第12至13頁找出恆星怎樣形成，還有第14至17頁，了解太陽系和衛星是怎樣誕生吧。

宇宙

我們的宇宙包含了一切存在的事物，例如星系、恆星、行星、衞星，甚至空間與時間，我們難以完全了解這個如此不可思議又龐大的宇宙。在地球上的我們只是宇宙中一顆微細的小黑點，對我們來說宇宙也許永遠都是一個謎團。

早期的恆星非常巨大，並產生了許多重元素，那些元素最終會形成行星。

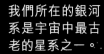

我們所在的銀河系是宇宙中最古老的星系之一。

喬治·勒梅特
(Georges Lemaître)

1927年，比利時天文學家喬治·勒梅特是其中一位提出宇宙起源於大爆炸的人，當時只有少數天文學家相信他的說法。

哈勃太空望遠鏡

這個特別的望遠鏡拍下了成千上萬的太空照片。在小小的一片黑暗中，天文學家便發現了10,000個遙遠的星系，而每個星系包含着數以千億計的星體。

未來會怎樣？

沒有人知道！我們只確實知道宇宙仍在膨脹。如果情況持續，宇宙便會變得更冰冷、更黑暗。

隨着宇宙膨脹，星系也會漸漸被推開。

5億年後

這些恆星被重力吸引在一起，成為一個個包含數以億計恆星的組合，形成原始星系，例如我們身處的銀河系。

138億年後

宇宙是由氣體、星系，還有其他我們仍在嘗試了解的奇異物質組成的龐大組合。時至今日，宇宙仍然在擴張。

恆星誕生

恆星生命周期的每個階段，都在數十億年之間發生，所有恆星最初都是從一團團巨大的氣體和塵埃之中誕生的，這些氣體和塵埃稱為星雲。重力會將氣體和塵埃擠在一起，形成熾熱而且不斷旋轉的物質團塊。

年輕耀目

隨着時間過去，這些團塊的溫度高得令自身內部開始產生核反應，極高的熱力令它們發光，使它們變成了恆星。年輕的恆星稱為原恆星，它的英文名稱protostar中「proto」的意思是「原始的」。

走向終結

行星狀星雲會慢慢在太空中飄散，再次成為新恆星的物質。唯一遺留下來的是恆星發光的核心，這顆恆星已經演化成為一顆白矮星。白矮星會逐漸變冷，直至它完全冷卻下來，成為一顆黑矮星。

恆星

就像動物一樣，恆星在它的生命周期中，也會經歷誕生、成長、發育，然後死亡。視乎種類和大小，恆星會以不同的方式存在與死亡。較大的恆星發出的光芒更為明亮，但壽命會比細小的恆星短。這裏介紹的是一顆中等大小恆星的生命周期。

太陽

太陽是一個中等大小的恆星，它會依循上述的生命周期活動。太陽是在大約46億年前形成的，目前正處於主序星階段。在大約50億年後，太陽將會步向死亡。

黑洞

恆星會以不同方式死亡。中等大小的恆星終將剩下一顆黑漆漆、死氣沉沉的殘骸，稱為黑矮星；而大型恆星會徹底向自己內部崩坍，變成黑洞。在黑洞裏的重力非常強大，以致於任何物質甚至連光線也不能逃脫。

中年階段

漸漸地恆星變得更熱，並發出更明亮的光芒。當恆星升溫時，內裏的氣體包括氫氣，會被點燃並逐漸燃燒殆盡。恆星生命的大部分時間都花費在這個階段中，稱為主序星階段。

不斷膨脹

經過數十億年後，恆星核心的氫氣耗盡了。恆星會變得異常巨大，同時它的表面溫度會下降，令恆星發出紅色的光。這個階段的恆星被稱為紅巨星。

暗淡衰竭

當恆星的燃料耗盡成為紅巨星時，它的氣體外層會開始散逸。這團發光的物質被稱為行星狀星雲。

了解更多

回到第10至11頁重溫宇宙怎樣形成，並繼續閱讀第14至15頁，找出行星與太陽是怎樣誕生吧。

恆星分類

恆星的顏色取決於它的溫度。最熱的恆星會發出藍色的光，較冷的恆星會發出紅紅橙橙的光。要是你在清澈無雲的晚上透過雙筒望遠鏡遙望夜空，可能會看見這些不同顏色的恆星呢。

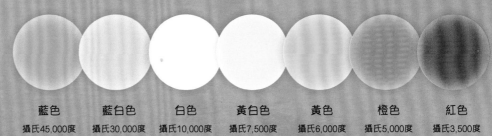

藍色	藍白色	白色	黃白色	黃色	橙色	紅色
攝氏45,000度	攝氏30,000度	攝氏10,000度	攝氏7,500度	攝氏6,000度	攝氏5,000度	攝氏3,500度

太陽的誕生

當塵埃和氣體受重力影響而塌縮時，它的中心會開始升溫，漸漸變得非常熱，令氫原子在稱為聚變的過程中融合成氦原子，這個聚變過程會產生大量能量，而一顆熾熱、明亮的恆星便誕生了，就是我們的太陽。

部分最輕的氣體會被拋擲至寒冷的圓盤外沿。

行星的形成

分子雲中的物質開始形成行星。在靠近太陽的地方，重力會將小塊的塵埃合併在一起，變成塵埃團，逐漸形成岩質行星。在較遠處的溫度比較低，氣體會聚集在一起，形成巨大的行星，稱為氣態巨行星。

木星

水星　太陽　金星

地球

土星

火星

海王星

天王星

了解更多
請回到第10至13頁重溫宇宙及恆星的知識吧。

我們的太陽系

行星花費了數千萬年形成我們的太陽系。水星、金星、地球和火星是岩質行星；木星和土星是氣態巨行星；天王星和海王星是冰巨行星。在火星和木星之間是一個名叫小行星帶的區域，這裏包含了矮行星，還有許多細小的岩質小行星。

在海王星的軌道外，凍結的氣體會形成彗星。

塵土飛揚的起點

大約46億年前，一團塵埃和氣體開始向自己的內部塌縮。在塌縮的同時，它會開始旋轉，形成一個稠密的圓盤。

適居帶

適居帶是太陽系中可讓水和生命存在的區域。適居帶的狀況完美無瑕，距離太陽不會太遠，也不會太近。

太陽系

太陽系是我們的家園。鄰近的行星、衛星、小行星和彗星都沿着各自的軌道，圍繞着我們的太陽起舞。在太陽讓一切都在它周邊運行、受制於它的重力的同時，太陽亦掌握住太陽系未來的關鍵。

當太陽膨脹時，適居帶便會遠離地球，最終部分巨行星和它們的衛星將會進入適居帶。

未來會怎樣？

目前我們的太陽系相當穩定。然而，在大約50億年後，太陽的氫氣便會耗盡，開始燃燒氦氣。當這情況發生時，太陽便會膨脹，溫度開始下降，變成一顆紅巨星。紅巨星是一種進入生命周期中晚期的恆星，屆時太陽會把水星、金星吞噬，甚至連地球也劫數難逃！

太空中的碰撞

地球與忒伊亞的巨型相撞摧毀了忒伊亞，大量來自兩個行星的物質被噴射至太空中，而忒伊亞的碎片則與地球混合了。

月球形成

這次碰撞產生的物質被拋到圍繞地球的軌道上，接着這些物質在重力作用下被牽引在一起，形成了一團熔化的熾熱岩石，即是月球。它體積約為地球的四分之一。

月球

月球相信是在45億年前創造出來，成為了我們在太空中多年的同伴。地球在年輕時是一團熾熱、熔化了的岩石與金屬，一個和火星體積相若的細小行星忒伊亞和地球相撞，這場撞擊形成了月球。

了解更多
回到第14至15頁重溫太陽系的知識，還有在第18至19頁閱讀彗星的資料吧。

月球上的海洋

向着我們的那面月球滿布黑暗的區域，稱為「月海」。那些區域會得到這個稱號，全因早期的天文學家都真的以為它們是海洋！約10億年前，岩漿從月球表面流出，冷卻後形成了月海。

日食

有時候，太陽、月球和地球會排成一條直線，位置剛好讓月球經過太陽和地球之間時，大小正好可以把太陽擋住。

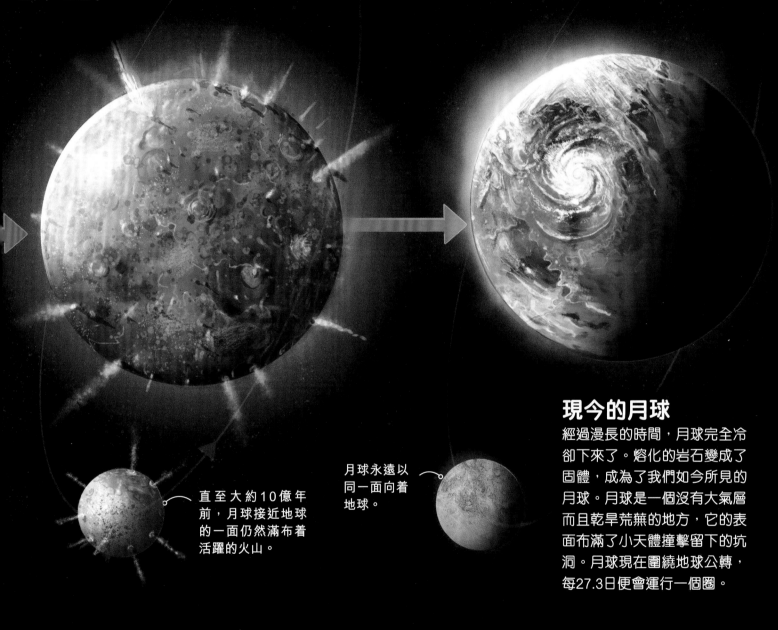

小行星與彗星

隨着月球冷卻，它的表面形成了一個堅硬的岩質外殼。此後的5億年間，月球和地球不斷被由岩石和冰塊組成的小行星與彗星撞擊。

月球正以每年4厘米的速度逐漸遠離地球。

直至大約10億年前，月球接近地球的一面仍然滿布着活躍的火山。

月球永遠以同一面向着地球。

現今的月球

經過漫長的時間，月球完全冷卻下來了。熔化的岩石變成了固體，成為了我們如今所見的月球。月球是一個沒有大氣層而且乾旱荒蕪的地方，它的表面布滿了小天體撞擊留下的坑洞。月球現在圍繞地球公轉，每27.3日便會運行一個圈。

潮汐

月球會影響地球上海洋的潮汐。月球的重力會拉扯地球上的水體，令水體向外凸起。當月球圍繞地球公轉時，它會牽扯着隆起的水體，令海平面升起與降低，這種運動就是潮汐。

撞擊坑

儘管情況罕見，但彗星和隕石都可能以極大的衝擊力撞向地球，然後留下巨大的撞擊坑，例如下圖便是位於美國亞利桑那州的撞擊坑；我們甚至認為某一次的撞擊是令恐龍滅絕的原因！

兩條尾巴

彗星其實有兩條尾巴，一條是由塵埃形成的尾巴，會拖曳在彗星軌道的後面；另一條是由氣體形成的尾巴，會被太陽風推往背向太陽的方向。

羅塞塔號

太空探測器羅塞塔號於2014年抵達67P／楚留莫夫·格拉希門克彗星。這個探測器發射出一個名叫菲萊的登陸器，成為史上第一個在彗星上着陸的探測器，有助科學家了解更多關於彗星的資訊。

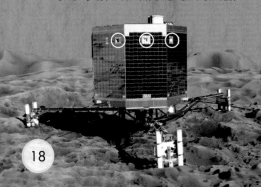

彗星

彗星是一些層層冰封、滿布塵埃的天體，由形成太陽系後剩餘的物質所組成。有些彗星距離太陽太遠，即使透過望遠鏡我們也看不見。不過，也有許多彗星曾在夜空中被發現。

在彗星的生命周期中，彗星大部分時間都會留在一個位於太陽系的邊緣的區域，那個區域稱為凱伯帶。

彗星與其他天體相撞後，可能會被推離凱伯帶。

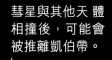

源於岩石

在遠離太陽的地方，環境極為寒冷，水和氣體都凍結凝固，積聚在塵埃的表面。物質開始被重力牽引在一起，形成一塊塊結冰的岩石。這些岩石會繼續結合，直至形成一顆巨大而且冰凍的岩質彗星。

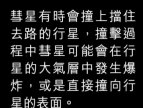

彗星有時會撞上擋住去路的行星，撞擊過程中彗星可能會在行星的大氣層中發生爆炸，或是直接撞向行星的表面。

化為泡影

如果彗星太接近太陽，它會變得太熱，而凍結的氣體和冰會直接變為氣態，這個過程稱為昇華，會導致彗星逐漸消失。

踏上歸途

若然彗星沒有消失或與行星相撞，它便會沿着橢圓形的軌道運行，重返凱伯帶，而且變得越來越慢，直至重力再次把它拉往太陽。彗星要完整圍繞太陽公轉一圈，可能需要花上200年時間。

太陽的輻射令彗尾發出美麗的藍白色光芒。

彗星在古希臘語中的意思是「留着長髮的頭顱」。

高速飛行

被撞離凱伯帶的彗星會開始快速地飛往太陽。隨着彗星與太陽逐漸靠近，彗星會變熱，而凍結了的氣體和水會變回氣態，形成一個小型大氣層，名為彗髮。彗髮會被來自太陽的物質流推開，這種物質流稱為太陽風，而被推離的彗髮會形成彗尾。

了解更多
回到第14至15頁重溫太陽系的知識吧。

地球

地球，我們的家園，正處於變化不定的狀
態。河流與冰川刻畫出地球的景觀，與此同時，
在地表以下的深處，熔化的岩石正在沸騰冒泡。
在數億年間，海洋不斷延展，大陸互相碰撞，
塑造地球各種的地貌，譬如火山的爆發與消
亡、山脈冒起再被侵蝕消失。

大陸

現今的地球是由7個大洲所組成，它們位於會不斷移動的巨型岩石塊上，這些岩石塊稱為板塊。數億年前，地球上只有一片幅員遼闊的陸地，隨着時間流逝，那片陸地經過斷裂分離及互相碰撞，形成了現在的各個大陸。

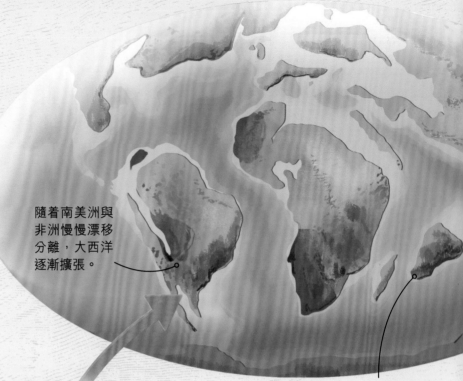

隨着南美洲與非洲慢慢漂移分離，大西洋逐漸擴張。

印度開始向亞洲漂移。

位於非洲、歐洲與亞洲之間的特斯提洋，其中一部分最終變成了現今的地中海。

單一大陸

大約3.2億至2億年前，地球上只單獨存在着一大片陸地，稱為盤古大陸。這片超級大陸被一片汪洋包圍。

盤古大陸

化石

研究動植物化石的地質學家發現，來自南美洲和非洲的化石有相同之處，讓他們知道這些動植物曾經在同一片超級大陸上一起生活。

洛磯山脈

這是一座位於北美洲的壯麗高山，它是由於太平洋板塊滑到北美洲板塊下面而形成的。

大陸分裂

大約1.75億年前，熾熱的岩漿開始從地底冒出，令盤古大陸分裂成多塊較小的大陸。

大西洋仍然在不斷擴張。

格陵蘭與北美洲大約在6,600萬年前開始分裂，這個過程至今仍在進行。

格陵蘭

非洲將會繼續北移，令地中海閉合。

歐洲

亞洲

北美洲

地中海

印度

未來世界

透過了解地球板塊的活動，地質學家便能預測在5,000萬年後的未來，各大洲將會是什麼模樣。

非洲

南美洲

澳大拉西亞

了解更多

請翻至第28至29頁，了解兩個大洲相撞時會發生什麼事情。

與澳大拉西亞分裂後，南極洲在約3,400萬年前開始被冰雪覆蓋。

南極洲

7大洲

我們今天所見的7大洲，大約在2,000萬年前成形，不過它們仍持續地向不同的方向移動。

大西洋的擴張速度就跟指甲的生長速度一樣快！

大西洋中洋脊

這座山脊把位於歐洲和亞洲下方的歐亞板塊與北美洲板塊區分開來。大西洋中洋脊大部分都位處於水中，不過在冰島，有一部分山脊則清晰可見。

地震

這些在地面出現的大規模震動，會在板塊互相碰撞或滑過對方時發生。地震會破壞建築物，並令許多人喪失生命。

抵達地表

溢出地球表面的岩漿會稱為熔岩。熔岩會迅速冷卻，然後凝固成各種火成岩，例如玄武岩。這些岩石會漸漸地被天氣現象侵蝕，被帶到大海裏，岩石的生命循環又會再次展開。

雨、風和霜

雨雲會帶來雨、霰和雪，這些天氣現象會令岩石弱化碎裂；大風天氣亦會令岩石崩解。

冰川上的冰會融化，形成河流與溪澗，把一塊塊的岩石帶到大海中。

岩漿也會在地底慢慢地冷卻及凝固，形成了某些種類的火成岩，例如花崗岩。

逐漸磨蝕

岩石被河流、冰川或強風帶走，並逐漸漸碎裂成較細小的石塊。

岩漿

在非常高溫的情況下，沉積岩與變質岩會變成岩漿，一種熾熱的液態岩石。岩漿能夠衝破地面，造成火山爆發。

當細小的碎石在海岸堆積時，便形成了三角洲。

熱力與壓力

當沉積岩向地球深處進發時，沉積岩承受了地球內部超過攝氏200度的高溫及巨大的壓力，令沉積岩變成變質岩。

沉積岩逐漸變化成為變質岩，出現在地球內部大約10公里深的地方。

岩石

岩石是由一種或多種礦物質所構成，它們看似無法自行遠距離移動，不過它們其實做得到！岩石會在地球上穿梭，從地面找到方法抵達我們腳下的深處，然後再次返回地面。在這個歷時數百萬年的過程中，岩石會經歷許多重大的變化。

沉積岩

在美國南達科他州的惡地國家公園，發現色彩斑爛的分層沉積岩帶。

在沙灘上

隨時間過去，岩石塊變成鵝卵石、沙或泥，在海岸積聚。通常它們會被河流沖刷入大海，並沉積在海牀上，但有時它們會留在陸地上，並受壓變成堅固的岩石。

了解更多
請翻開第22至23頁及第30至31頁，找出關於岩石形成的知識吧。

火成岩

黑曜石是數千年前形成的一種火成岩，因熔岩迅速在地球表面冷卻而形成。黑曜石的碎片都有極為鋒利的邊緣。

變質岩

片岩是一種變質岩，原岩可以是頁岩或泥岩。它由經過摺疊和起皺的礦物質層構成，你可從它一條條的色彩層理中看見這些痕跡。

在海洋裏

漸漸地，海牀上細小的岩石塊會與其他岩石互相堆疊在一起，當岩石以這種方式受壓時，便會形成沉積岩。

部分沉積岩會被向下拖入至地球內部的深處。

化石

化石是古代的動物和植物保留至今的遺骸或痕跡。研究化石有助我們了解生物怎樣生存並隨時間過去而演化。化石非常罕有，因為它們只能在特定的條件下，經過漫長時間而形成。

死亡與埋葬

死亡大概是動植物變成化石時，最重要的一個步驟！化石只能在動物或植物死去時，被迅速掩埋的情況下形成，因為這樣有助減慢腐化。許多化石都在水中或水源附近形成，因為在那裏動植物便能迅速沉沒在泥土或沙質的海牀或河牀裏。

這頭劍龍很可能被大浪或洪水沖進水裏。

層疊的岩石

細小的岩石塊和礦物質形成沉積物，在這些死去的動物身上累積。經過漫長的時間，這些一層層的沉積物不斷受擠壓，直至變成堅固的岩石，而這些岩石就會壓在動物遺體上。

有時候化石會被岩石帶來的壓力壓扁、扭曲或輾平。

展覽

雖然博物館正在展出一些化石，但還有許多化石從未被公眾觀賞過。這些隱藏了的寶藏正由稱為古生物學家的科學家仔細研究中。

糞化石

糞化石就是糞便的化石。迄今發現最巨大的糞化石，相信是屬於一隻暴龍的，它的長度超過1米。幸好這團糞便如今不再是臭哄哄的了。

變成岩石

最後動物遺骸中的礦物質會局部或徹底被岩石的礦物質取代，化石便形成了。

挖掘出來

古生物學家利用錘子、鋤頭等工具，甚至牙醫用具、畫筆等，來挖掘及清潔化石。

了解更多

請回到第24至25頁，重溫岩石怎樣在生命循環中被侵蝕，並到第96至99頁進一步認識恐龍吧。

化石可在沉積岩中被發現，例如石灰石、沙岩或泥岩，它們全都是由沉積物積聚而形成的。

覆蓋着化石的岩石被侵蝕後，也許會令化石的一部分暴露出來。

古生物學家會為化石添上石膏套，就像在你斷骨時使用的石膏一樣，用以保護化石。

琥珀

這種特別的化石是由樹木的樹脂形成的。昆蟲或細小的哺乳類動物會被困在黏稠的樹脂中，當樹脂變硬後，這些動物便會完好無缺地保存下來了。

痕跡化石

痕跡化石的種類包括足印、洞穴和糞化石。它們相比骨骼及貝殼化石更能讓我們了解動物怎樣生活、有什麼行為等知識。

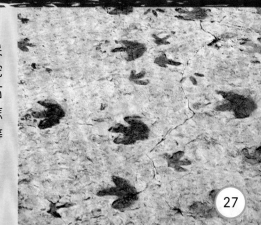

繼續增長

如板塊逐漸移向彼此，年輕的高山便會一路變高。印度板塊至今仍然以大約每年5厘米的速度，向歐亞板塊移動，因此屹立於板塊邊界的喜馬拉雅山亦正不斷變高。

當高山形成後，一些曾經被深埋在地球內部的古老岩石，便會升起至海平面以上的地方。

地殼變厚並摺疊起來，形成山脈。

高山

高山遍布於所有大洲上及每個大洋底下。高山會在兩塊板塊互相撞擊，或是其中一塊板塊滑進另一塊板塊下方時形成。不過高山不會永遠存在，雖然一座高山會消失似乎是匪夷所思，但其實這情況一直在發生。

製造高山

在地幔上漂浮的板塊有時會互相碰撞。當這個情況出現時，高山例如位於亞洲的喜馬拉雅山等，會在板塊邊界之間被推起來。

大陸地殼邊緣的岩石會碎裂並冒起，形成高山。

山峯磨損

從高山開始形成的一刻起,它也會開始被侵蝕。風雨令高山的岩石分裂,而河流就把碎石帶到下游。

彎彎曲曲的河流有助把岩石雕刻成高高的山脊或丘陵。

了解更多

前往第36至37頁認識更多關於河流的知識吧。

變得平坦

經過漫長的時間,隨着岩石被河流和風雨侵蝕並帶到大海裏,高山最終消失了。侵蝕作用可以把高山夷平,變成大面積的平地,稱為平原。

珠穆朗瑪峯
是地球上最高的山峯,
它高達8,848米。

安第斯山脈

不是所有高山都由兩塊板塊相撞而成的。有些高山是在其中一塊板塊被推進另一塊下方時產生的,就如南美洲安第斯山脈形成的情形。

太空的山峯

高山不僅能在地球上找到,高山亦會出現在月球和部分行星上。金星上便有一座名叫馬克士威山脈的高山,高約11公里,是金星上的最高點。

海洋登山者

許多高山的峯頂,其實原本都是在古代海洋中形成的岩石!所以這些岩石裏會包含着海洋動物的化石,例如菊石,它是魷魚已絕種的近親。

火山

火山的外觀可以是一個陡峭的錐型，或者是一個平緩的山坡。不過它們都可以造成聲勢浩大的壯觀爆發，或是緩慢寂靜的熔岩流。活躍的火山可能有周期性爆發，不過要預測火山確切發生爆發的時間是非常困難的。現時全世界大約有1,500個仍然活躍的火山。

火山爆發時，火山灰會被噴到高空，再掉落地面上。

碎屑和熔岩會硬化，在火山兩側堆積成一層層的岩石，令火山形成錐形。

一塊板塊沉沒在另一塊板塊的下方。

岩漿會在地下洞穴裏積聚，而因為它的密度比固態的岩石低，所以會緩緩往上冒。

火山的誕生

火山一般在地球那些巨大、不斷移動的板塊邊緣上形成。當兩塊板塊互相碰撞，其中一塊板塊可能會隱沒在另一塊板塊之下。岩漿、灰燼和氣體會從地球內部湧起，抵達地面，形成火山。

岩漿沿着通往地殼裂口的導管冒起，這些裂口稱為噴發口。一座火山可以擁有數個噴發口。

爆炸性噴發

岩漿庫內膨脹的氣體所產生的壓力，會隨時間慢慢增加，然後突然在爆發中釋放出來。黏稠而充滿氣體的岩漿會導致尤其猛烈的爆發，所以爆發的威力有多大，就要視乎岩漿裏有多少氣體。

火山由地球深處充滿岩漿的空間所驅動。

熾熱的熔岩

在美國夏威夷，從火山噴出來的熔岩，溫度可以高達攝氏1,175度，並以每小時30公里的速度流動。在此溫度下，熔岩會發出明亮的紅光。

水裏的枕頭

在海底的裂縫中湧出來的熾熱熔岩，會非常迅速地冷卻，然後凝固成脹鼓鼓的圓形物體。這些隆起的岩石被稱為枕狀熔岩。

逐漸熄滅

地表下的岩漿庫漸漸變得空盪盪。火山不再發生爆發，就會被視為一座死火山。死火山也會遭侵蝕而消失，就像其他高山一樣。

休眠火山

在過去幾千年來內都沒有爆發過，但預計將來還會再次爆發的火山，便稱為睡火山。有些火山可能休眠數個世紀。

溢出地球表面的岩漿稱為熔岩。隨着熔岩流出火山外，它會逐漸冷卻。

經過一段時間，岩漿庫開始清空。

了解更多
請回到第22至23頁和第28至29頁，重溫地球板塊的知識和它們是怎樣移動的。

巨人的堤道

當熔岩冷卻時，它可能形成完美的幾何圖形，例如六角柱體。其中一個典型例子，就是位於北愛爾蘭的巨人堤道。

龐貝古城

公元79年，意大利維蘇威火山發生一場致命爆發，摧毀了一個名為龐貝的城市。當時城內居民的遺骸，至今仍保存在硬化了的火山灰裏。

雲的形成

水蒸氣在上升的過程中會冷卻，變回微細的水點，這個過程稱為凝結。水點微細得能夠在空中飄浮，並積聚成雲。

水循環是由太陽的能量所推動。

水點會以雨、雹或雪的形式落下。

從海中冒起

太陽的熱力令海洋表面的水分蒸發，代表海水會變成一種稱為水蒸氣的隱形氣體。水蒸氣向上升，進入地球的大氣層。

來自植物的水分

植物從它們的根部吸取水分，並透過葉子釋放出變成水蒸氣的水分。這會增加空氣中的水分，可以形成更多雲。

水

地球上的水量永遠不會改變。水會不斷再生，並重複又重複地被使用。水總是在大海、空氣和陸地之間流動，形成永不止息的循環。這個過程稱為水循環。

了解更多
請打開第36至39頁探索河流及冰山的生命周期吧。

當水
從大海中
升起時，
便會失去
海水的
含鹽性。

下雨了

雲包含着大量小水點，然後小水點會變成雨掉落下來；當天氣寒冷時就會形成雪。

有些雨水會透過岩石的微小裂縫滲透到地底，然後前往海洋。

地表逕流

如果來自雨和融雪的水並未滲進地底，水便會沿着土地表面流向下游，直至水流會合了溪澗和河流。這些水在逕流的過程中，可能滲透至地底或是被蒸發掉，不過大部分水最終仍然會流入大海。

霧

雲不一定在高空形成，當地面或海洋上方溫暖潮濕的空氣冷卻時，也會形成雲。這種自然現象稱為霧。

鹽田

人們會在海邊挖出淺坑，並注滿鹹鹹的海水，用來收集鹽。當水分蒸發後，便會留下海鹽。這些淺坑稱為鹽田。

旱地

有些地區的降雨量很少，例如荒漠。地球上最乾旱的地方是位於南極洲的麥克默多乾燥谷，當地部分地方在過去近200萬年來，從未下過雨。

旋轉暴風

大部分龍捲風都是由強烈雷暴發展而成。溫暖、潮濕的空氣從地面上升，遇上在雷雨雲內部旋轉的清涼而乾燥的空氣，一股不斷轉動的空氣柱便開始形成，並向地面延伸。

一般大型風暴內部會有兩組旋轉的空氣，一組順時針方向轉動，另一組逆時針方向轉動。

龍捲風的高度能高達1.6公里。

龍捲風能夠形成漏斗形，或是呈幼繩子狀。

速度加快

隨着溫暖的空氣上升，雷暴內部的氣壓下降，旋轉中的空氣速度會變快。龍捲風裏的空氣能以每秒超過50米的速度吹動。

了解更多
請回到第32至33頁重溫關於水循環的知識。

垃圾被龍捲風捲起至半空中，並重重地扔回地面。房屋和樹木則被撕成碎片。

當垂直的空氣柱抵達地面時，便會發出有如雷鳴嘶吼的巨響。

龍捲風

龍捲風是細小但威力極大的旋轉風暴。狹窄、不斷旋轉的空氣柱會從雲間向下延伸，捲走任何擋住其去路的物件，並在地面留下一條破壞的痕跡。

神秘的結局

龍捲風的移動方向難以預料。大部分龍捲風都會在數分鐘後消失，不過部分龍捲風能夠維持超過一小時，直至無法獲得新的空氣補充，龍捲風才會消散。可是龍捲風確實是怎樣中止它們的生命周期，至今仍是一個未解之謎。

龍捲風擁有部分有記錄以來的 **最高風速**，部分龍捲風風速可以超過每小時482公里。

設於牢固房子內的避難室或防風地窖能保護人與動物。

雷暴

龍捲風源自積雨雲或雷暴。這些雲密度高，而且高聳，會產生雨、雹和閃電。

塵暴

這股旋轉的塵土是由沙漠中的微風發展而成。它們的威力不像龍捲風般強大，但亦可以很危險。

熱帶氣旋

這些巨大的風暴是在溫暖的海洋水域上形成的。熱帶氣旋的中心有一個平靜無風的區域，稱為風眼。

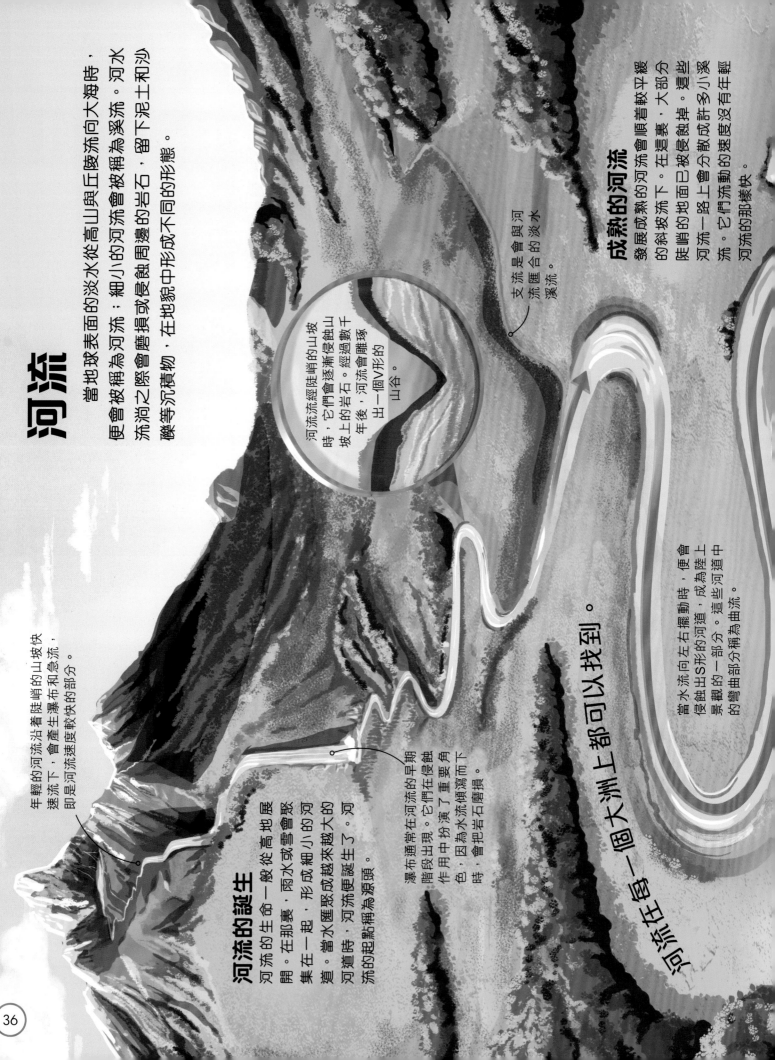

河流

當地球表面的淡水從高山與丘陵流向大海時，便會被稱為河流；細小的河流會被稱為溪流。河水流淌之際會磨損或侵蝕周邊的岩石，留下土泥和沙礫等沉積物，在地貌中形成不同的形態。

成熟的河流

發展成熟的河流順着較平緩的斜坡流下。在這裏，大部分陡峭的地面已被侵蝕掉。這些河流一路上會分散成許多小溪流。它們流動的速度沒有年輕河流的那樣快。

支流是會與河流匯合的淡水溪流。

河流流經陡峭的山坡時，它們會逐漸侵蝕山坡上的岩石。經過數千年後，河流會雕琢出一個V形的山谷。

年輕的河流沿着陡峭的山坡快速流下，會產生瀑布和急流，即是河流速度較快的部分。

河流的誕生

河流的生命一般從高地展開。在那裏，雨水或雪會聚集在一起，形成細小的河道。當水匯聚成越來越大的河道時，河流便誕生了。河流的起點稱為源頭。

瀑布通常在河流的早期階段出現。它們在侵蝕作用中扮演了重要角色，因為水流傾瀉而下時，會把岩石磨損。

河流在每一個大洲上都可以找到。

當水流向左右擺動時，便會侵蝕出S形的河道，成為陸上景觀的一部分。這些河道中的彎曲部分稱為曲流。

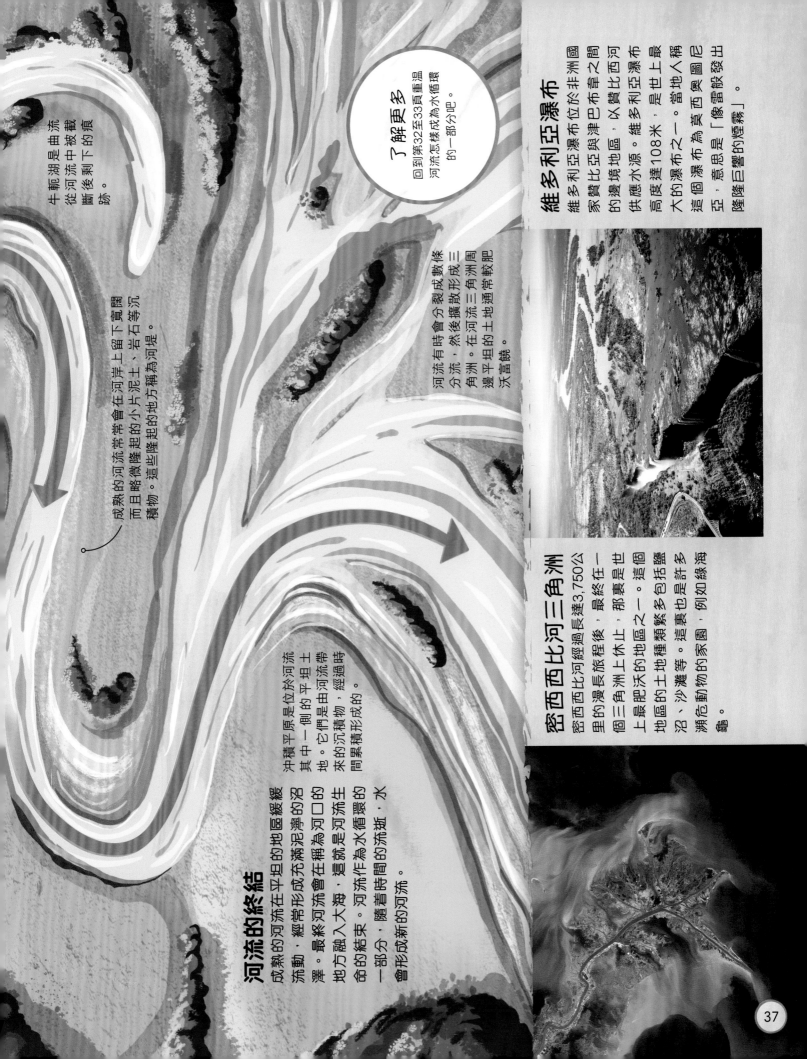

了解更多

回到第32至33頁重溫河流怎樣成為水循環的一部分吧。

維多利亞瀑布

維多利亞瀑布位於非洲國家贊比亞與津巴布韋之間的邊境地區，以贊比西河供應水源。維多利亞瀑布高度達108米，是世上最大的瀑布之一。當地人稱這個瀑布為莫西奧圖尼亞，意思是「像雷霆般發出隆隆巨響的煙霧」。

密西西比河三角洲

密西西比河經過長達3,750公里的漫長旅程後，最終在一個三角洲上休止，那裏是世上最肥沃的地區之一。這個地區的土地種類多包括鹽沼、沙灘等，也是許多瀕危動物的家園，例如綠海龜。

河流的終結

成熟的河流在平坦的地區緩緩流動，經常形成充滿泥沙的沼澤。最終河流會在河口的地方沖蝕稱為河流帶來的沉積物，經過時間累積就是河流生命的結束。河流作為水循環的一部分，隨著時間的流逝，水會形成新的河流。

沖積平原是位於河流其中一側的平坦土地。它們是由河流經過時間累積形成的。

牛軛湖是曲流從河流中被截斷後剩下的痕跡。

成熟的河流常常會在河岸上留下寬闊而且略微隆起的小片泥土、岩石等沉積物。這些隆起的地方稱為河堤。

河流有時會分裂成數條分流，然後擴散形成三角洲。在河流三角洲周邊平坦的土地通常較肥沃富饒。

冰山

冰山是巨大的冰塊，可以在北極與南極地區發現。冰山是一大片移動的冰塊，是冰塊從冰川上崩裂而形成的。冰山能改變形狀甚至顏色。許多海洋生物在狩獵時，都會利用冰山作為據點。

冰川形成

當雪花堆積並擠壓成密實的雪，便形成了一個冰川。地球表面大約百分之十都被冰川覆蓋，冰川同時儲存着地球四分之三的淡水資源。隨着冰雪累積，冰川會向前移動，到融雪時便會往後消退。

了解更多

請翻到108至109頁，認識在冰天雪地的南極洲上生活的企鵝。

皇帝企鵝聚集在冰山上尋找食物。

冰塊斷裂

在冰川的末端，大塊的冰塊會斷裂並掉進水中，這個過程稱為冰崩，那些冰塊就會成為冰山。它們有的是長約2米的小型冰山，也有一些是相當於一個小型國家的龐然巨物。

隨水漂流

冰山是由凝固了的淡水所形成，所以它們能浮在充滿鹽分的海水上。冰山一般可以維持3至6年。它們會被海浪帶動，然後可能與另一座冰山相撞或撞上陸地。

條紋冰山

有些冰山上布滿條了紋！這些深色的條紋來自冰山從冰川崩裂時所帶走的少量泥土和沉積物。

平頂冰山

冰山擁有各種不同的形狀和外觀，例如楔形、圓拱形，或是有尖銳頂部的。那些頂部平坦，側面陡峭的冰山被稱為桌狀冰山，就像這個在南極洲發現的長方形冰山。

改變形狀

海浪會侵蝕冰山的邊緣，在冰山中創造出特殊的拱門和洞穴。冰山也會與海牀或海岸磨擦，令它們被雕琢成不同的形狀。

從冰山崩落的小型冰塊稱為小漂冰或小冰山，它們可能會危及路過船隻的安全。

冰山生態

冰山上也擁有自身的迷你生物族羣，或稱生態系統。冰山會吸引微小的藻類、磷蝦和小魚，而海燕、企鵝等海鳥就會捕食這些海洋生物。

融化消失

當冰山漂到較溫暖的水域，或是被溫暖的空氣包圍時，便會開始融化。隨着融冰化成水池，裂縫就會形成及變闊，冰山便會逐漸消失。

這種叫磷蝦的微小海洋生物，對生活在冰山上的企鵝來說，是一份美味的大餐。

彩色的冰

冰山一般是白色或藍色的，不過生活在冰山上的藻類會令冰山出現各種各樣的顏色，例如綠色。有些冰山富含來自岩塵的鐵質，令它們變成黃色或淡紅色。

冰山只有八分之一會露出水面，其餘大部份都是沉在海水下面。

碳

　　碳對地球上所有的生命而言，都是不可或缺的。碳存在於大氣層、海洋、植物、土壤、岩石，甚至我們的身體裏。世界上的碳總量永遠不會改變，但碳總是到處流動並不斷改變形態，例如當碳與氧氣結合，就會變成二氧化碳。這個過程稱為碳循環。

大氣層中

在空氣中的二氧化碳，被視為一種溫室氣體，因為它能保存熱力。減少空氣中的二氧化碳含量有助減緩全球暖化。

植物有助降低大氣層中的二氧化碳含量。

吸收

植物會利用來自太陽的光能，把空氣中的二氧化碳和水分結合，以製造食物。這過程稱為光合作用。

死去的動物和植物腐化時會釋出二氧化碳。

碳能一直困在深海的底部數千年，甚至數百萬年。

儲存

經過數百萬年後，含有碳的生物屍骸便會變成化石燃料，例如煤和石油。

雨林

樹木會吸收大量二氧化碳，幫助減少大氣層中的溫室氣體。不過，砍伐大量樹木會阻礙這個自然過程。

岩石

地球上大約有650萬億噸的碳，儲存在岩石中。不過風、雨和冰能夠令岩石崩解，並把二氧化碳重新釋出至海洋或大氣層中。

如今空氣中的二氧化碳含量，比過去**80萬年**間的任何時刻都要多。

了解更多
請打開第136至137頁，了解人類怎樣影響碳循環。

燃燒化石燃料會釋出大量二氧化碳。

動物會呼出二氧化碳，並進食含有碳的植物。

釋出

生物透過呼吸作用排出二氧化碳，燃燒化石燃料亦同樣會產生二氧化碳。有些岩石會緩緩釋出二氧化碳。

鑽油台會鑽探至地球深處，以抽取石油和天然氣。

化石燃料在深埋於地面以下的岩層中不斷累積。

暖化

人類燃燒化石燃料時釋出的二氧化碳，正導致地球的氣候暖化，使冰雪融化，破壞冰川。

綠色能源

與化石燃料不同，像太陽能、風能等可再生能源，不會擾亂碳循環或改變氣候。它們稱為綠色能源。

地球的生命

生物在地球上生活了最少35億年。首先出現的生命只是由單細胞微生物所形成的黏稠東西。不過由這些簡單的原始生物開始，經過了無數世代後，地球上逐漸充滿了動植物，牠們也布滿了海洋，林木亦令陸地變得一片青蔥。

許多寒武紀的動物，例如馬爾拉三葉蟲，都長有用於爬行的長腿，樣子有點像螃蟹。

生命起始

在地球形成大約10億年後，在那光禿禿、布滿岩石的土地上，還有深沉的藍色海洋中，似乎毫無生命跡象。不過在海浪下的某個地方，單細胞生物——細菌——成為了地球上第一種生物。

水淹沒了地球表面，令地球大部分地方變成藍色。

第一種動物

在海牀某個地方，生物演化成擁有由多達數十億個細胞組成、較大的身軀，令牠們長得比微生物龐大許多。牠們是非常原始的動物，而且牠們和現今的任何生物都毫不相似。

寒武紀大爆發

在稱為寒武紀的時期，地球上的環境剛好適合許多不同種類的海洋動物演化。許多當時的動物可能與現今的生物相似，例如水母、蠕蟲、蝦等。

地球形成

曾經有一段時間，圍繞太陽的只有不斷旋轉的塵埃與小岩石。其後這些物質聚集在一起，形成了太陽系中的行星，包括地球。

蛋型的迪更遜水母相信會在海牀上爬行。

4.54
億年前

4
億年前

6
億年前

5.4
億年前

5
億年前

4.3
億年前

4
億年前

3.8
億年前

鯊魚來了！

最先出現的脊椎動物是一些沒有顎部的魚類，牠們在寒武紀大爆發期間出現。數百萬年後，部分無顎魚類演化出能夠噬咬的顎部，令牠們變成了兇猛的捕食者，當中包括了原始的鯊魚。

飛行昆蟲

部分生活於陸地上的小蟲演化出6條腿和用於飛行的翅膀，成為了最早的昆蟲。這是致勝的關鍵一步！昆蟲成為了最龐大的動物族羣，成千上萬的昆蟲隨着土地變得綠油油，遍滿了蓬勃生長的植被。

森林

隨着植物一起生活，它們為了避開鄰居的影子，開始越長越高，以獲得更多陽光。它們演化成原始的樹木，由它們構成的森林就成為了陸上動物重要的棲息地。

時至今日，泥炭蘚仍然佔據着一些潮濕、有如沼澤的棲息地。

現今的七鰓鯊是史前鯊魚的後代。

在現今的雨林中生長的樹木種類，與史前的森林並不相同，但仍是許多物種的家園。

陸上植物

綠色的藻類和海草已開始在較淺的水域生長，而它們亦演化成最先在陸地上生長的植物。苔蘚鋪滿一片又一片土地，而原始的小蟲也開始在陸地上安居。

巨型爬行類動物

爬行類動物的形態非常成功，不少爬行類動物亦演化成一些歷來生存過最不可思議的動物，例如巨大的魚龍曾在海洋中暢游。其後一些巨型恐龍開始在陸地上橫行。

魚龍

兩棲類動物

魚類演化出魚鰭來游泳，但部分魚鰭肌肉發達的魚類卻能爬到陸地上。隨着牠們演化出肺部來呼吸空氣，牠們成為了最初的兩棲類動物，即是現今的蠑螈與青蛙的遠親。

魚龍的體形和現今的海豚很相似，但牠們是爬行類動物，不是哺乳類動物。

花朵

在數百萬年間，陸上的植物都是依靠風來散播像塵埃一樣的孢子，或是在毬果中產生種子來繁殖的。不過當第一朵花出現後，陸上便綻放出各種色彩，而授粉昆蟲亦依賴花朵中充滿糖分的花蜜來茁壯成長。

爬行類動物

兩棲類動物保留了魚類祖先的濕滑皮膚，並需要返回水中以產下柔軟的卵。不過部分兩棲類動物演化出能在陸上生存更長時間的方法，牠們擁有乾燥而且布滿鱗片的皮膚，並且會產下有硬殼的蛋，成為了原始的爬行類動物。

摩爾根獸很可能就像其他早期的哺乳類動物一樣，是夜行性的動物。

哺乳類動物

在恐龍時代，一些小型爬行類動物的毛茸茸後代，正悄悄在地面上奔波，並居住在洞穴中，牠們正演化成最初的哺乳類動物。隨着時間過去，母親會誕下活生生的幼兒，並以乳汁哺育牠們。

巨型陸龜在數百萬年前首次出現。

3.75 億年前

3.2 億年前

3 億年前

2.5 億年前

2 億年前

西番蓮是從恐龍時代生長的植物演化而成的。

6,000
萬年前

6,600
萬年前

1,300
萬年前

1.5
億年前

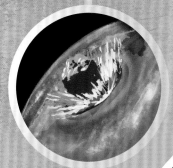

在撞擊後的多年間，地球一直被嚴寒、黑暗的冬天籠罩。

人類始祖

其中一種稱為靈長目動物的哺乳類動物演化成會在樹上生活，並長有能抓握的手和較大的腦部。有些靈長目動物精於直立行走，並變成了人類。在史前年代，曾經有許多與人類相似的靈長目動物存在過，不過如今只剩下智人一種仍然活着。

鳥類

有一些恐龍演化成以兩腿行走，並發展出也許是為了點綴外觀或保暖用的羽毛。不過布滿羽毛、不斷拍動的手臂也許帶來其他可能性，就是令牠們從走路的恐龍變成飛鳥。

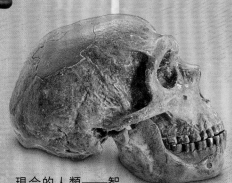

恐龍滅絕

從首次有生物出現時開始，地球一直遭受不同的災難打擊，例如氣候變化或火山爆發，足以令整個生物族羣滅絕。不過最大規模的滅絕發生於小行星撞擊地球後，那令陸地被塵土覆蓋，殺死了所有恐龍。

現今仍有部分哺乳類動物會像爬行類祖先一樣，產下有硬殼的蛋，例如鴨嘴獸。

現今的人類——智人，存在的時間大約少於50萬年。

始祖鳥

哺乳類的世界

細小又毛茸茸的哺乳類動物是其中一種在小行星撞擊後仍然倖存的動物。當陸地與氣候恢復過來後，牠們演化並取代了恐龍，成為會捕獵的肉食性動物與專吃植物的草食性動物。

始祖鳥是一種史前鳥類，擁有羽毛和喙部。不過牠也長有爬行類動物特有的牙齒，翅膀上也有爪子。

迄今地球上大約有**130萬種**已知的物種，而且還有更多的物種有待我們發現。

黏菌

許多種類的黏菌，會以單細胞的形態生存，就像變形蟲一樣。不過，有些黏菌會聚集在一起，形成有如真菌的身體，並透過散播孢子來繁殖。

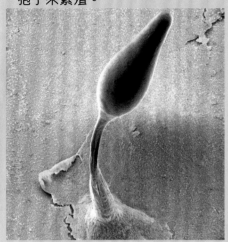

細菌

像變形蟲一樣，細菌也是一種單細胞生物，能透過細胞分裂繁殖。不過細菌的細胞更微細，它的DNA並不會儲藏在細胞核裏。

病毒

病毒比細菌更細小，它們就跟盛載着基因資料的小容器差不多。病毒只能在生物的細胞裏繁殖。

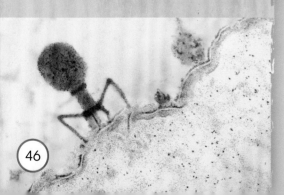

變形蟲

單細胞的變形蟲非常細小，生命周期能在一滴水裏發生。牠唯一的細胞永遠不會成長得比這頁上的句號更大。然而，就像其他所有細胞一樣，變形蟲擁有牠繁殖所需的一切，能夠變出更多同類。

每隻變形蟲都有一個特殊的區域，稱為細胞核，負責控制細胞的活動。

貪婪的變形蟲

變形蟲是一種只能在顯微鏡裏看見的捕獵者。牠靠進食更細小的單細胞生物，例如藻類等為生。變形蟲能藉由伸展出一種透明啫喱狀的「手指」，把獵物吞噬。這些手指稱為細胞質。

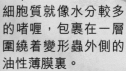

細胞質就像水分較多的啫喱，包裹在一層圍繞着變形蟲外側的油性薄膜裏。

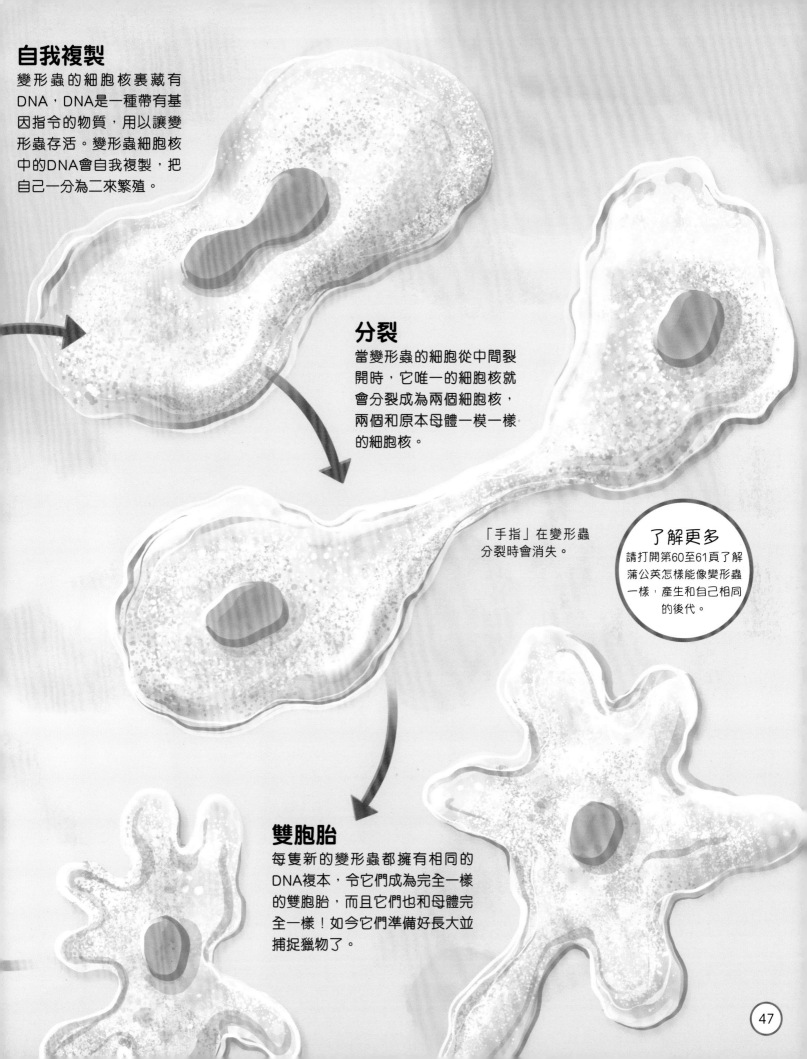

自我複製

變形蟲的細胞核裏藏有DNA，DNA是一種帶有基因指令的物質，用以讓變形蟲存活。變形蟲細胞核中的DNA會自我複製，把自己一分為二來繁殖。

分裂

當變形蟲的細胞從中間裂開時，它唯一的細胞核就會分裂成為兩個細胞核，兩個和原本母體一模一樣的細胞核。

「手指」在變形蟲分裂時會消失。

了解更多

請打開第60至61頁了解蒲公英怎樣能像變形蟲一樣，產生和自己相同的後代。

雙胞胎

每隻新的變形蟲都擁有相同的DNA複本，令它們成為完全一樣的雙胞胎，而且它們也和母體完全一樣！如今它們準備好長大並捕捉獵物了。

植物與真菌

植物與真菌的一生都和大地緊密相連。植物的枝條會向上伸展，以獲取陽光中的能量；真菌會抓緊土壤，從死去並腐化的物質中吸取養分。不過，植物和真菌的生命周期都超越了它們扎根的地方，它們的種子或孢子會廣泛散布至遠方，孕育出新一代。

從**孢子**到種子

雖然植物扎根於土地上，但它們已找到方法開枝散葉。苔蘚和蕨類會藉由散播塵埃似的孢子達到繁殖的目的。不過，大部分植物都是以種子繁殖的。每顆種子裏都是植物的小寶寶，甚至還帶着自家的食物儲備。讓它們有更大的生存機會，能夠抵達潮濕的土地發芽生長。

由種子生長

大部分植物都會產生出粉塵狀的花粉。不過與孢子不同，花粉不能自行發育，花粉是用來令植物的卵子受精的。每顆受精的卵子都會長成一個細小的植物胚胎，藏在種子裏。

有些植物會在毬果裏產生花粉和種子，例如松樹。

苔蘚與蕨類

第一批演化至能夠在陸上生存的植物會用孢子來繁殖。每顆塵埃似的孢子都是一個微小的細胞，可以發芽長成新的植物。苔蘚會在莖上的小囊中產生孢子，而大部分蕨類都會在葉片下面製造孢子。

苔蘚的孢子是從長長的莖上釋放出來的，讓孢子有更大機會乘風飄走。

蕨類會長出一大堆細小的棕色小囊。當這些小囊變乾並裂開時，裏面的孢子便會彈到空中。

大部分毬果成熟時會硬化並變成木質，不過杜松的毬果會變成甜美的漿果。

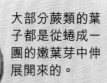

大部分蕨類的葉子都是從蜷成一團的嫩葉芽中伸展開來的。

許多會長出毬果的植物，都有堅韌、針狀的葉子，但智利南洋杉的葉子是寬闊而柔軟多汁的。

開花植物

花朵有助植物繁殖。許多花朵擁有奪目的色彩、甜蜜的香氣，還有美味的花蜜來吸引授粉動物，例如蜜蜂。種子受精後，便會在果實內發育成長。

天堂鳥花朵的鮮明色彩，能吸引尋找花蜜的授粉動物，例如太陽鳥。

狐尾松生長得非常緩慢，卻非常長壽。其中一棵狐尾松估計已超過4,800歲，可能是地球上最古老的生物。

成熟的果實往往充滿了帶有糖分的汁液，用來吸引喜愛甜食的動物就最好不過了。這些動物會藉由吞吃果實，來幫助植物散播果實裏面的種子。

在春天裏，有些植物會在長出葉子前便開花，例如木蘭花。

大部分植物都需要把花粉帶到其他花朵中。不過有些植物，例如圖中這棵南極漆姑草，就能夠自行授粉。

世上的開花植物有超過
25萬個品種。

向日葵

仙人掌

蘑菇

真菌不是動物，也不是植物，它們是由大量微細分岔的菌絲所組成。我們一般只會在真菌產出蘑菇時才會留意到它們，蘑菇其實是真菌製造孢子的子實體。有毒的蘑菇，通常被稱為毒蕈，例如色彩鮮豔的毒蠅傘。看到它們就要小心，絕對不能觸摸或採摘它們啊！

在森林的空地上，毒蠅傘可以獨自生長，或是組成小羣落。

蕈傘上那鮮豔的紅色是個警號，警告毒蠅傘的毒性非常猛烈。

孢子着陸

當孢子在新的地方安頓妥當後，便會發芽，並產生名叫菌絲的幼絲。隨着菌絲生長，它們會不斷分岔及向外伸展，依靠土壤裏的水分和營養為生。

微小、輕盈的孢子能乘風飄至四面八方。

了解更多

請回到第50至51頁，再次閱讀植物怎樣利用孢子繁殖。

團團的孢子

毒蠅傘會釋放出數以百萬計和植物種子有點相似的白色孢子。孢子會隨風吹散，可是最終只有小部分能長成新的毒蠅傘。

白樺樹

毒蠅傘常常在白樺樹附近生長。它的菌絲會重重包圍着白樺樹的根部，為樹木提供土壤中的養分。作為回報，毒蠅傘會得到由白樺樹葉子製造的糖分。

魔鬼的手指

這種外貌詭異的真菌身上，布滿了黏糊糊的液體，氣味就像腐爛了的肉類。這些黏液裏含有真菌的孢子。被臭氣吸引而至的甲蟲、蒼蠅和蛞蝓會被黏液覆蓋，並在離開時把孢子一併帶走。

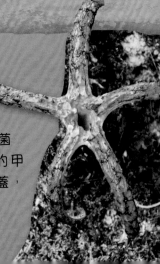

蘑菇寶寶

年幼的蘑菇會被一層特殊的白色外層保護，稱為菌衣。隨着菌蓋長大，菌衣會破損。紅色菌蓋上的白色瘤狀小點就是菌衣的殘留物。

白色的外層稱為菌衣。

年幼的蘑菇會長出菌蓋，它會乘着菌柄從泥土中被推起來。

細小的結節會發育成蘑菇。

在菌蓋下方的是一片片的菌褶，樣子就像魚鰓一樣，孢子會從菌褶掉落。

菌絲地毯

菌絲在土壤中伸展穿梭，交織出一片菌絲地毯，稱為菌絲體。菌絲體是真菌的主要部分，它會從土壤裏已死的動植物遺骸中，吸取養分來生存。

結節與針頭

到了繁殖的時候，來自不同真菌的菌絲會糾纏成一團，在菌絲體中形成結節。這些結節會慢慢變大，在泥土表面上顯露出白色的小「針頭」，這些針頭就會變成新的蘑菇。

成熟蘑菇

科學家把發育完成的蘑菇稱作子實體。它的菌蓋和菌柄都是由菌絲緊密地擠在一起而形成的。在菌蓋下面是一些薄如紙的小片，稱為菌褶。孢子會排列在菌褶的表面。

馬勃

馬勃擁有球狀的頂部，那是它的子實體。馬勃會在球內產生及釋放孢子，當馬勃被動物撞到，或是被雨點打中，球狀的頂部便會爆裂，把一團團的孢子噴出來。

森林清道夫

真菌是廢物處理的專家。當它們進食時，可以幫助腐爛及分解已經死去的植物和動物。如果沒有真菌，森林便會被死亡生物的屍骸淹沒了。

巨杉

巨杉，又稱世界爺，是地球上最重的樹，它就跟一幢26層的大廈一樣高，寬度超過一般城市的街道。巨杉只能在美國加州的西部找到，這些不可思議的樹木能生存數千年。即使死亡後，它們仍能繼續支撐其他生命。

生命起點

巨杉的生命從它的毬果展開。來自雄性毬果的花粉被風吹起，令雌性毬果中的卵子受精，產生種子。

年輕還是年老？

在巨杉長大至250歲前，它仍然被視為是年輕的樹！在年少的歲月裏，巨杉的樹枝會在靠近底部和頂部地方生長。它的葉子則保持常綠，一整年都會留在樹上。

彈出種子

當毬果裂開時，種子便能散播，這可能得歸功於以毬果為食的飢餓小松鼠。不過，更常見的情況，卻是毬果因森林大火的熱力而漸漸變乾，令它們裂開。

細嫩幼苗

巨杉的種子會生長成一棵幼嫩的植物，稱為幼苗。巨杉會在10歲大時開始產生毬果，一直持續結果到年老的時候。

20歲　　100歲　　200歲

了解更多
請翻到第56至57頁和第62至63頁，看看更多關於種子與授粉的知識。

成年巨杉

巨杉大約在500至750歲時會長至最高的高度。這時候，它亦會改變形態。它的樹頂滿布樹枝，較下方的部分卻變得光禿禿的。巨杉能生存超過2,500年。

面臨威脅

儘管擁有厚厚的樹皮，巨杉仍可能因為在樹枝間蔓延的大火，或疾病而受重創。巨杉要花很長時間才能繁殖，其他生長迅速的樹木就可能會取代它們在森林中的位置。

滋養生命

有些動物，包括小鳥、貓頭鷹和蝙蝠會到訪倒下了的巨杉，在它的樹皮和根部之間覓食。圖中的北美黑啄木鳥正在啄開樹皮，尋找昆蟲。

巨杉的樹皮不易被燒着，而且樹皮非常厚實，可以厚達1米。厚厚的樹皮有助巨杉抵禦大火。

晚年與死亡

猛烈的風暴能夠導致年老的巨杉倒下及死亡。而另一種致死原因，就是旱災導致缺水。死亡後，巨杉會逐漸分解，成為森林地表土壤的一部分。

巨杉的樹幹能寬達9米。

龐大的根部系統並不會深入地底，卻非常寬廣，足夠幫助巨杉保持平衡。

苔蘚與真菌可以在死去的巨杉上生長。

2500歲

年輕的果實

椰子最初是顯綠色的果實，要在樹上花上大約1年時間才能成熟。然後椰子的蒂部會逐漸斷開，沉重的果實就會掉到地上。椰樹的種子藏在果實裏，有些會在它們掉落的地方發芽，有些則會被海浪帶走。

開花

椰樹大約在7歲時會開始長出花朵。昆蟲會以花蜜為食，並為花朵授粉，然後花朵就會發育成果實。

> 這些黃色的花朵會在全年裏不斷綻放。

快高長大

到了20歲時，椰樹已完全成長，可以高達30米。椰樹擁有多達40片羽毛狀的葉子，稱為複葉。它們是從樹幹頂部的一個小芽，生長成一個「皇冠」。

椰樹

椰樹的種子藏在它的椰子裏面。

這種種子並不是依靠空氣，或是乘著動物背部散播，而是有賴大海的幫助。椰子常常會被海浪沖到大海裏，並隨洋流漂浮到達遠方的海灘上。

堅實的核果

椰子是核果的一種。在它光滑的表皮下，是一層由纖維形成的厚厚棕色椰衣，而椰衣裏面就包着一顆種子。

隨着核果裂開，幼芽和根從椰子的種子生長出來。

核果因椰衣中能夠儲存的空氣而能夠浮在海面；而保護層就可以避免它遭受海水的破壞。

椰樹的根大部分都長得很淺，只有少數會鑽得較深。椰樹一生中會不斷長出新的根，成年的椰樹可能擁有多達7,000條根。

根部與幼芽

椰子裏雪白的椰肉和椰汁會為發芽的種子提供食物和水分。一根幼芽會向上生長，而根部則往下鑽進泥土裏。

了解更多

你可以閱讀第58至63頁，認識更多以不同途徑傳播種子的植物。

棕櫚油

油棕櫚樹是椰樹的近親，它會長出能夠榨油的果實。棕櫚油可用於製造許多東西，包括朱古力和牙膏。不過這涉及了一個問題：森林遭到大量砍伐，以讓出位置來種植油棕櫚樹，這令紅毛猩猩等瀕危動物失去家園。

核果

芒果樹和桃樹也會長出稱為核果的果實。這些果實擁有柔軟多汁的果肉區，包裹着一顆堅硬、木質的殼，或稱「果核」。果核中就藏着種子。而椰子有的是堅硬的椰衣，而非果肉區。

蘭花

許多花卉都依靠甜美的花蜜來吸引授粉動物。兜蘭卻不一樣。兜蘭只會由雄性蘭花蜂授粉，兜蘭會以一種獨特的香味吸引蘭花蜂。當蘭花蜂到訪花朵時，花朵便會完成授粉，而蘭花蜂也會獲得一種有助牠們尋找伴侶的香氣。

樹頂上的花

兜蘭生長於由螞蟻在森林樹木枝條上建造的巢穴中。螞蟻會以兜蘭甜甜的花蜜為食，而兜蘭的根部會從蟻巢吸取營養。不久後，兜蘭便會長出形狀奇特的花朵。

雄性蘭花蜂能夠辨認出兜蘭的獨特香味。

收集香氣

兜蘭花朵的香味只能吸引蘭花蜂。蘭花蜂聞香前來時，牠會收集香氣，並把香味儲藏在後腿上特殊的「集香囊」中。

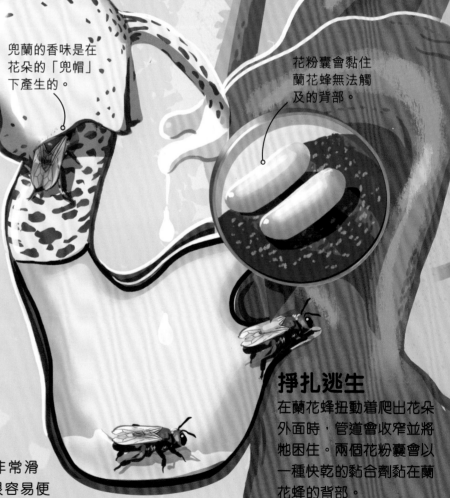

兜蘭的香味是在花朵的「兜帽」下產生的。

花粉囊會黏住蘭花蜂無法觸及的背部。

挣扎逃生

在蘭花蜂扭動着爬出花朵外面時，管道會收窄並將牠困住。兩個花粉囊會以一種快乾的黏合劑黏在蘭花蜂的背部。

落入花中

兜蘭的表面非常滑溜，蘭花蜂很容易便會掉落在花朵底部一個充滿了黏稠物質的盆內。幸好，這裏有一條逃生通道，一根只足夠讓蘭花蜂通過的管道。

了解更多

請翻閱第66至67頁，看看大王花怎樣運用它的惡臭而非一般的甜香來吸引蒼蠅吧。

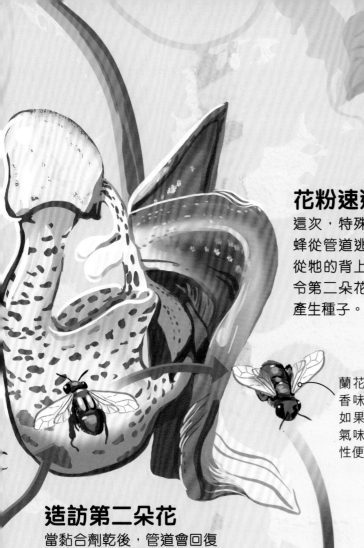

花粉速遞

這次，特殊的小鈎會在蘭花蜂從管道逃出時，把花粉囊從牠的背上拉下來。花粉會令第二朵花受精，使它能夠產生種子。

蘭花蜂利用兜蘭的香味來吸引雌性。如果雄性蘭花蜂的氣味非常好聞，雌性便會與牠交配。

造訪第二朵花

當黏合劑乾後，管道會回復原本寬度，蘭花蜂便會帶着花粉囊飛走。由於熱衷於收集更多香味，蘭花蜂會前往尋找第二朵兜蘭。

每個果筴裏都有多達60萬顆細小的兜蘭種子。

散播種子

已受精的花朵會發育出一個果筴，裏面的種子會被螞蟻運走，並在螞蟻位於樹頂的巢穴中發芽。螞蟻會保護兜蘭免受其他昆蟲攻擊。

巨大蓮花

亞馬遜王蓮的花瓣會包裹住受花香吸引來訪的金龜子。第二天，當金龜子獲釋後，牠們便會飛走，帶着花粉前往另一朵亞馬遜王蓮那裏。

鏡像蘭花

這些蘭花的外表和氣味就跟特定品種的雌性黃蜂一模一樣。當雄性黃蜂試圖和蘭花交配時，牠們便會沾到花粉，並把花粉帶到牠們到訪的另一朵蘭花去。

達爾文的蘭花

馬島長喙天蛾是唯一能夠為大彗星風蘭授粉的昆蟲。沒有其他飛蛾像馬島長喙天蛾一樣，擁有長得足以伸進大彗星風蘭花朵深處以吸食花蜜的口器。

昆蟲來收集蒲公英的花粉和花蜜，但蒲公英不需要昆蟲來製造種子。

開花

蒲公英的花朵出現在長長的莖部末端。這朵花其實是許多花瓣狀的小花聚集在一起，這些小花稱為舌狀花。每朵舌狀花都能形成一顆種子。

蒲公英

與許多開花植物不同，蒲公英一般會在沒有受精的情況下產生種子，稱為無性繁殖。不過，昆蟲仍會探訪蒲公英去收集花粉和花蜜。類似這種一方（昆蟲）受益，另一方（蒲公英）沒有得益的關係，稱為偏利共生。

春天生長

春天裏，蒲公英的葉子會從主根中冒出來，這條主根稱為軸根，它在地底下捱過了寒冬。軸根會鑽進土壤深處，為養活植物而獲取水分和養分。

家鼠

就像蒲公英和昆蟲一樣，人類和老鼠也擁有偏利共生的關係：其中一方獲利，另一方沒有好處。老鼠在我們的家中找到棲身之所和食物，不過除了會留下排泄物和啃咬東西之外，儘管牠們會傳播疾病，老鼠對我們的影響其實很小。

每顆種子都由一根柄
與「降落傘」連接，
幫助它在風中飄揚。

頭狀種子

當開花期結束後，蒲公英
會發育出一個蓬鬆的頭狀
種子球，裏面充滿了種
子。只要有一陣微風，便
能把種子吹走。

傳播種子

蒲公英大部分種子都會降落在原來的植
物——母株附近，小部分種子則會隨風飄
到遠方。來自未授粉花朵的種子會長成一
棵新的植物，這些植物都是母株的複製
品，也稱為殖株。

了解更多

有不少植物都必須依靠
授粉才能產生種子，包
括在第58至59頁的蘭花
和第62至63頁的橡樹。

精細的降落傘其
實是一簇大約有
100根的幼線狀
茸毛。

短印魚

這種魚的頭部長有吸盤，
讓牠們能絲毫無損地依附
在較大的海洋生物身上，
例如鯊魚。依附着鯊魚的
短印魚可以搭便車、獲得
鯊魚保護，還能吃掉鯊魚
留下的食物碎屑。

擬蠍

這些細小的生物與蠍子有
關，擬蠍會抓住飛行的昆
蟲來搭便車。這不會傷害
到被抓住的昆蟲，而擬蠍
就能去到比靠自己前行遠
得多的地方。

了解更多
請回到第54至57頁重温一下不同的常綠樹。

橡樹較高的部分如今滿是嗡嗡亂飛的夏季昆蟲。

橡樹的雄花會產生花粉，這些花朵呈流蘇狀，會懸掛在樹上，稱為柔荑花序。雌花則會生長成小小的一團，較難被看見。

雌花會由風吹來的花粉受精，形成橡實。橡實會由具有保護性的木質杯狀外殼固定住。

春天

經過冬天的休眠期，橡樹一直在儲存能量，靜候春天。到天氣變得較為和暖，日照變得較長的時候，新的綠葉便會由樹枝上的葉芽長出來，橡樹也會開花。橡樹有雄花和雌花。

夏天

在日照較長而且炎熱的日子裏，橡樹的葉子會利用陽光，為樹木製造食物。這個過程就是光合作用。由花朵發育而成的橡實會在夏末成熟。橡實是一種擁有硬殼的果實，稱為堅果。

傳播種子

大部分橡實在發芽前就已經被吃掉了。不過會吃橡實的動物，其實也能幫助橡樹的種子散播至新的地方呢。松鼠會把橡實埋起來，作為冬天的儲備糧食，不過牠們有時會忘記自己把橡實藏在什麼地方；鳥兒也可能在飛行途中意外掉落橡實。這些被遺忘的橡實也許會在遠離母樹的地方，長成一棵新的橡樹。

橡樹

橡樹不只是一棵樹，它更是多達350種昆蟲和許多其他動物的家園。橡樹和其他落葉樹一樣會隨着季節變化。橡樹的種子能在名叫橡實的果實裏找到。一棵橡樹每年能長出9萬顆橡實。

成熟後，橡實的果柄會斷裂，然後掉在地上。每顆橡實都含有一顆種子，能長成一棵新的橡樹。

秋天

秋風會把橡實從樹上吹掉到地面。當白天變得清涼、日照較短時，橡樹也要準備過冬了。綠色的葉子會變成黃、橙和紅的色調，然後掉落。

冬天

冬天的日子又寒冷，白天又短暫。儘管橡樹看似已經死去，樹枝上一片葉子也沒有，但它其實仍然活着。橡樹正處於休眠期，就像動物冬眠一樣。

真菌

最終，老去的橡樹會被真菌入侵，令它開始腐朽。衰弱的樹幹可能因上方樹枝的重量，或是風的力量而折斷。

落葉樹

和橡樹一樣，這棵櫻桃樹是落葉樹。它會在每年秋天落葉，到春天長出新的葉子，還會綻放粉紅色的花朵。全年保留着綠色葉子的樹木稱為常綠樹，例如松樹。

捕捉食物

捕蠅草的陷阱表面長有細毛，這些細毛對碰觸非常敏感。如果有蒼蠅在20秒內碰觸這些細毛兩次，陷阱便會瞬間合上。捕蠅草會吃掉蒼蠅柔軟的身體部分，並吸收養分。當陷阱重新打開時，蒼蠅的遺骸便會被風吹走，或者被雨水沖去。

蒼蠅觸碰到陷阱裏的細毛，觸發了陷阱，令陷阱緊緊地合上。

蒼蠅被花蜜吸引，降落在陷阱上。

剛毛能阻止蒼蠅從陷阱中掙脫。

捕蠅草的陷阱是兩片連接在一起的薄片，生長在葉子末端。

陷阱中的腺體會釋出液體，把蒼蠅變成可以消化的液體。

長出植物

種子會在濕爛的土壤裏發芽。新的植物生長得非常緩慢，它會長出數片長長的葉子。每片葉子的末端都是一個陷阱，那是一對連接在一起的薄片，邊緣長有堅固、梳子狀的剛毛。薄片會產生甜甜的花蜜，能吸引昆蟲，例如上面這隻蒼蠅。

捕蠅草能夠在野外生存超過**20年**。

了解更多

有些昆蟲和植物之間擁有更加友好的關係，例如在第58至59頁的蘭花和第66至67頁的大王花。

產生種子

已受精的捕蠅草花朵會長出又黑又圓的種子囊。細小的種子會在授粉後4至6星期發育成熟。捕蠅草也能藉由伸展出稱為根莖的地下莖繁殖。這些地下根會與母株分離，形成新的植物。

長出花朵

捕蠅草可能需時3至4年才能開花。它的花生長在長長的莖上，位於陷阱上方高處。這可以防止授粉的昆蟲被花朵的香味吸引時，意外被陷阱捕捉。

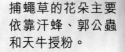

捕蠅草的花朵主要依靠汗蜂、郭公蟲和天牛授粉。

感應草

含羞草又稱為感應草，是另一種能夠快速作出反應的植物，只要它的葉子一被碰觸就會垂下來。這會令含羞草看起來病懨懨的，以圖說服正在吃草的動物到別的地方尋找其他食物。

捕蠅草

　　非比尋常的捕蠅草是一種肉食性植物，代表它會捕捉並「吃掉」毫無防備的昆蟲，還有不小心降落在能迅速合上的陷阱中的蜘蛛。因為捕蠅草生長在劣質、濕爛的土壤，只能從中得到很少的養分，藉由這樣吞食動物，捕蠅草能獲得大部分所需的能量。

豬籠草

這種植物擁有一個貌似瓶子的陷阱。受花蜜引誘而來到陷阱邊緣的昆蟲，會從豬籠草滑溜的蠟質表面滑落，並滾到陷阱裏面。牠們會被陷阱底部的液體淹死，然後被吃掉。

絞殺植物

與大王花不同，絞殺植物會把自己的宿主殺死。它的種子會在大樹高處的樹枝裂縫中發芽，然後向着地面生根，「勒住」宿主，令宿主枯萎死亡。

沙漠蛛蜂

沙漠蛛蜂能用它的刺癱瘓蜘蛛，然後在蜘蛛的腹部上產卵。沙漠蛛蜂的幼蟲會在蜘蛛體內挖洞，吃掉蜘蛛的肉，同時避免傷及重要器官，盡量讓蜘蛛繼續生存得更久。

花蕾漸長

大王花的纖維會在攀緣植物體內擴散長達18個月。到了開花時節，細小的大王花花蕾會掙破攀緣植物的表皮，從木質的莖部鑽出來。花蕾可能需要多達9個月時間才能完全發育，那時候它會長得像個大大的椰菜。

大王花

大王花又被稱作屍花，它是世界體積最大的單生花。你通常會在看見它之前便嗅到它的氣味，它發出的臭味就像腐爛的肉一樣！這種神奇的植物會悄悄地寄生在森林裏的攀緣植物上，只有當大王花開花時你才能真正看見它。

依附藤蔓

大王花的種子會寄生在攀緣植物的根部或莖部上。它會發芽並伸出一些幼細的纖維去吸收水分和養分。這些攀緣植物也許會變得虛弱，但不會死去。

宿主的葉子

巨大綻放

大王花巨大的花朵會飄散出腐肉般的惡臭。它依靠以腐肉為食的麗蠅來授粉。麗蠅會被大王花的腐肉臭味欺騙而到訪。

大王花的花朵能生長至超過1米寬。

肉質果實

數天後，巨大的花朵會枯萎並縮小成一個黏答答的黑色物體。大王花產生的果實擁有木質的外皮和光滑、奶油色的果肉，裏面含有數以千計細小的種子。

傳播種子

樹鼩和其他動物會來吃掉大王花的果實，牠們會用爪子把果肉挖出來。這些動物會把存在於自己的糞便中、皮膚和爪子上的大王花種子傳遍森林。

> **了解更多**
> 請回到第56至57頁及第64至65頁，重溫依靠昆蟲授粉的植物。

動物

　　動物的生命周期就像動物本身一樣變化多端。有些動物能夠藉由在開放水域散播精子與卵子，讓它們受精，並任由運氣決定後代的命運；有些動物相遇後會透過交配來受精。還有許多動物會照顧牠們的寶寶，讓寶寶的生命有個最好的開始。

八爪魚

八爪魚是非常聰明的生物，是動物界裏其中一種最聰明的動物。北太平洋巨型八爪魚能夠學會打開瓶子，或是在迷宮中找到出路，獲取食物。不過，牠們不太喜歡交際，雄性和雌性八爪魚會獨自生活，並捕捉各種各樣的海洋生物，包括較細小的八爪魚。

化學吸引力

雌性八爪魚會釋出一種化學物質吸引雄性八爪魚，當雄性游向雌性，牠的膚色會變深。雄性會用八隻腕足的其中一隻交配。大約一個月後，雄性便會死去。

串串的卵子

交配過後，雌性八爪魚會誕下多達10萬顆卵子，並懸掛在牠的巢穴外，就像一串串的珍珠。牠會保護及清潔卵子，直到7個月後卵子孵化，接着雌性八爪魚便會死去。

快高長大

年輕的八爪魚會繼續生長，直至3至5歲牠們可以交配為止。發育完成的北太平洋巨型章魚強壯得足以用8隻腕足搬動重達350公斤的物體，這大約是一頭小豬的重量。

了解更多
請翻到第72至73頁探索珊瑚海世界中的其他生命吧。

八爪魚會以螃蟹和其他海洋生物為食。

孵化而出

卵子孵化後，八爪魚寶寶會浮到水面上，牠們會成為一些在水中漂浮的微小生物，即浮游生物的一分子。牠們會在這裏生活數個月，然後游到海洋底部。

擬態章魚

這是唯一一種海洋生物，能夠複製或模擬其他種類的動物，包括海蛇等有劇毒的動物。擬態章魚會藉由改變顏色、形狀和質感去變身。

條紋蛸

條紋蛸又稱為椰子章魚。這種動物能用兩條腕足走路，並用其他6隻腕足帶着一個蜆殼或椰子殼，作為流動的家園。

船蛸

這隻雌性的船蛸不會把卵子產在洞穴裏，而是會分泌出一個貝殼狀的卵盒來保護牠的卵子，然後在盒裏面生活。

大量的卵子

一年裏的某一個夜晚，剛好是在滿月過後，珊瑚會一口氣釋出大量的卵子和精子。許多卵子很大機會可以會受精。

微小漂浮者

每顆受精卵都會長成一條細小的蟲，形狀和拖鞋有點相似，但牠們太細小，沒有顯微鏡是看不見的。

珊瑚

　　有一些生命周期對整個生態環境都很重要。珊瑚長得就像水中植物一樣，但牠們其實是一個動物羣落。牠們建造出一個岩石似的棲息地，稱為珊瑚礁，是無數生物的七彩之家。

了解更多

還有很多動物會在珊瑚礁上生活，例如在第70至71頁的八爪魚、第92至93頁的海馬和第102至103頁的海龜。

安頓下來

大部分珊瑚幼蟲都會被魚或其他動物吃掉，只有少數能夠存活，並在布滿石塊的海底定居。在這裏，珊瑚幼蟲會變成小花一樣的物體，稱為水螅體，並發展出會伸展的觸手。

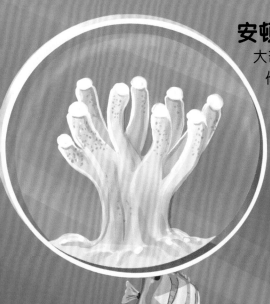

魚類朋友

海葵會用帶刺的觸手來保護小丑魚免受較大的魚類攻擊。小丑魚身體上布滿了厚厚的黏液，因此不會被海葵刺傷。作為回報，小丑魚會給海葵一些食物的碎屑。

建立族羣

每個珊瑚水螅體底部周圍，都會長出一層薄薄的皮膚，並長出更多水螅體，以形成一個珊瑚族羣。在下方珊瑚會長出一副由堅硬石灰狀物質形成的骨架，這副骨架會逐漸變厚，形成珊瑚礁。

珊瑚水螅體會用帶刺的觸手捕捉細小的動物。許多水螅體內藏有藻類，所以就能像植物一樣，利用陽光來製造食物。

條紋蓋刺魚

有些魚類的外貌會隨着成長而改變。年幼的條紋蓋刺魚擁有和成魚完全不同的圖案，因此看起來就像是不同種類的魚。

養殖珊瑚

令人難過的是，許多珊瑚礁都因為污染和過度捕魚而受到破壞。有科學家正嘗試透過在海底保育區養殖珊瑚，來讓珊瑚礁恢復原狀。

珊瑚上的生命

珊瑚礁能為數以千計的動物提供食物和藏身之所。這些動物包括螃蟹、海葵和魚類。有些珊瑚會長出向上散開的分枝，例如鹿角軸孔珊瑚，有些會變成巨大的岩質小丘。

沙蟲

與蚯蚓不同，沙蟲可分為雄性和雌性。這種蟲子生活在海岸上，交配後便會死亡。

小灰蝸牛

這種雌雄同體的蝸牛會在互相求愛後交配。牠們會向對方射出名叫戀矢的小針，戀矢有助促進精子輸送。

蓋刺魚

蓋刺魚都是擁有雄性和雌性器官的動物，不過兩者並非同時共存。牠們出生時是雌魚，但會隨着年齡成長就會變成雄魚。在年長的雄魚死亡後，其他雄魚便會佔據牠原本的領地。

蚯蚓對鳥類來説是美味可口的小食，例如這隻知更鳥便在準備用餐。

蚯蚓被戲稱為「夜間爬蟲」，因為牠們會在晚間爬上地面，收集掉落的葉子作為糧食。

成年蚯蚓

蚯蚓寶寶要花3個月時間才能發育為成年蚯蚓，牠們依靠進食死去的蔬菜和水果來獲得營養。假如能避過飢餓鳥兒的眼目，蚯蚓可生存長達10年。

孵化

卵繭大約與葡萄籽差不多大小，它們會發育出一個硬化的外殼。卵繭包含着多達20顆受精卵。然而只有少數能夠孕育出蚯蚓寶寶。蚯蚓寶寶會在3至6個月後孵化。

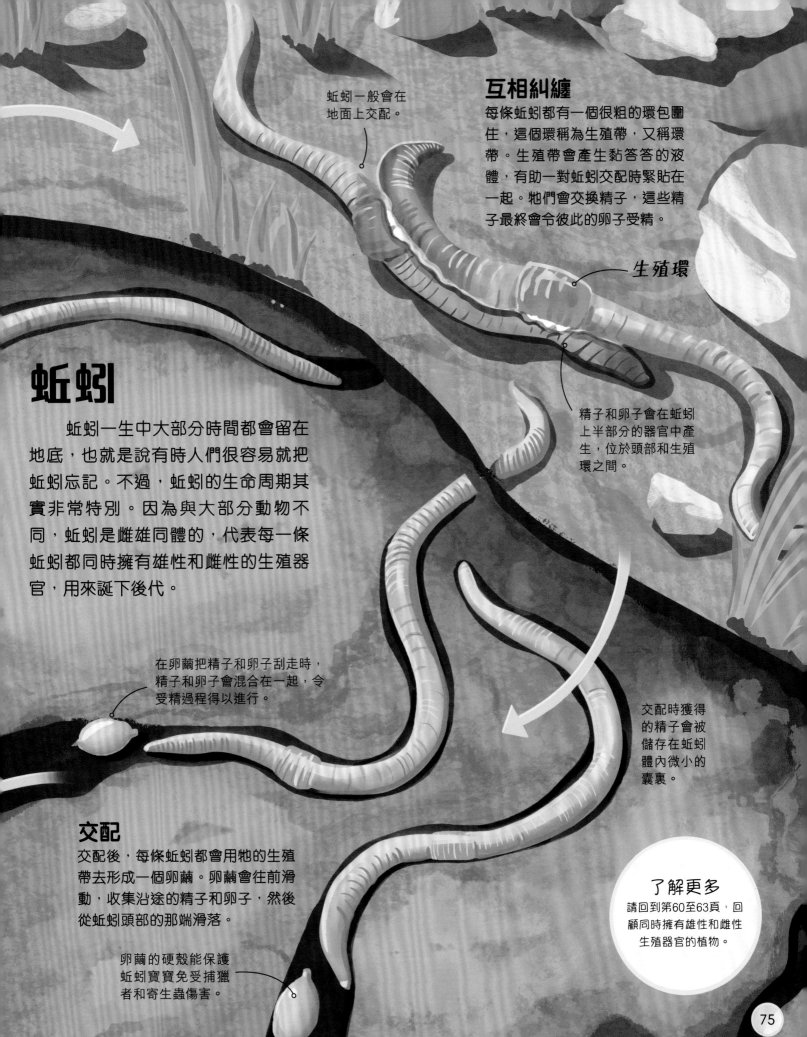

蚓蚓一般會在
地面上交配。

互相糾纏

每條蚓蚓都有一個很粗的環包圍
住，這個環稱為生殖帶，又稱環
帶。生殖帶會產生黏答答的液
體，有助一對蚓蚓交配時緊貼在
一起。牠們會交換精子，這些精
子最終會令彼此的卵子受精。

生殖環

精子和卵子會在蚓蚓
上半部分的器官中產
生，位於頭部和生殖
環之間。

蚓蚓

　　蚓蚓一生中大部分時間都會留在
地底，也就是說有時人們很容易就把
蚓蚓忘記。不過，蚓蚓的生命周期其
實非常特別。因為與大部分動物不
同，蚓蚓是雌雄同體的，代表每一條
蚓蚓都同時擁有雄性和雌性的生殖器
官，用來誕下後代。

在卵繭把精子和卵子刮走時，
精子和卵子會混合在一起，令
受精過程得以進行。

交配時獲得
的精子會被
儲存在蚓蚓
體內微小的
囊裏。

交配

交配後，每條蚓蚓都會用牠的生殖
帶去形成一個卵繭。卵繭會往前滑
動，收集沿途的精子和卵子，然後
從蚓蚓頭部的那端滑落。

卵繭的硬殼能保護
蚓蚓寶寶免受捕獵
者和寄生蟲傷害。

了解更多
請回到第60至63頁，回
顧同時擁有雄性和雌性
生殖器官的植物。

蜘蛛

包裝禮物

雄性跑蛛會向他希望與之交配的雌性，送上以絲線包裹的食物作為禮物。兩手空空地現身求偶的雄性跑蛛，很大可能會被雌性吃掉。

幽靈蛛

雌性幽靈蛛會用數根絲線把自己的卵子綁起來，然後把卵子放在顎部中隨身攜帶，直至卵子孵化。雌性幽靈蛛沒辦法在這個時期進食。

織出蜘蛛網

雌性蜘蛛會把蜘蛛絲黏附在植物的莖等物體表面上，以建立蜘蛛網的框架。接着，牠會鋪下一組螺旋形的乾絲線，以固定螺旋線的位置，最後加上另一組螺旋形並具黏性的絲線。

蜘蛛絲會從網的中央向四方伸展出來，就像單車輪的輪輻一樣。

蜘蛛使用的絲線由稱為吐絲器官產生，這個器官位於蜘蛛腹部的末端。

蜘蛛會一直停留在網的中央，等待昆蟲自投羅網。

之字形的粗條紋可能有助鳥兒看見蜘蛛網，讓牠們不會誤闖網中。

由黏性的螺旋形絲結成的網會困住降落在蜘蛛網上的昆蟲。

雄性蜘蛛有時會揮動自己的腿，並跳舞來吸引雌性蜘蛛。

許多蜘蛛都會製造蜘蛛絲，並建造黏答答的網來困住獵物。黃色與黑色相間的園蛛會織出一個像單車輪的網，用來捕捉會飛的昆蟲，包括蒼蠅、草蜢和黃蜂。雌性園蛛是蜘蛛網的主要建築師，牠們每天都會編織一個新的網。

善意的振動

當雄性蜘蛛前來追求雌性蜘蛛時，牠會拉扯蜘蛛網的絲線，令網產生振動。如果雌性蜘蛛喜歡這種振動方式，便會與雄性蜘蛛交配。在交配過程中雄性蜘蛛便會死亡，而雌性蜘蛛有時會在交配後把雄性蜘蛛的屍體吃掉。

三列隆頭蛛

許多蜘蛛品種中，雄性蜘蛛的體型都比雌性細小得多；而三列隆頭蛛的雄性還擁有不同的顏色呢。雄性三列隆頭蛛擁有鮮紅色、常有斑點的身體，而雌性則是全體黝黑的。

蠍子

剛孵化的蠍子寶寶非常脆弱，因為牠們的外骨骼仍然非常柔軟。直到牠們的外骨骼硬化前，牠們會坐在媽媽的背上，以策安全。接着牠們便會「下車」，展開獨立生活。

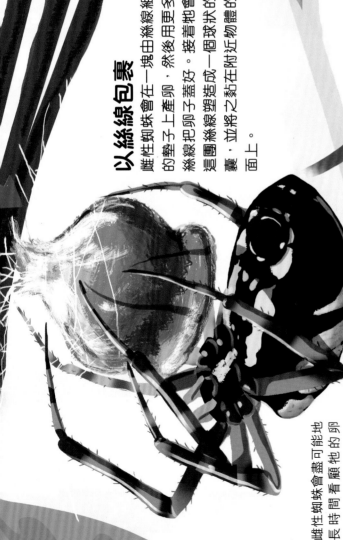

以絲線包裹

雌性蜘蛛會在一塊由絲線組成的墊子上產卵，然後用更多的絲線把卵子蓋好。接着牠會把這團絲線塑造成一個球狀的卵囊，並將之黏在附近物體的表面上。

小蜘蛛寶寶

卵囊裹的卵子大約會孵化出300至1,400隻蜘蛛寶寶。秋天孵化的蜘蛛寶寶會留在卵囊裹，直到春天到來，以免在涼快的氣候下被凍死。

遠走高飛

有些蜘蛛寶寶會留在出生地附近，有些蜘蛛寶寶會吐出一根絲線，讓它被風吹起，並帶着蜘蛛寶寶飛往新的地方，希望新地方能減少與同類競爭食物和交配對象。這現象稱為「空飄」。

雌性蜘蛛會盡可能地長時間看顧牠的卵子。但當天氣變得寒冷時，牠便會死亡。

了解更多
請打開第104至105頁，認識毒性猛烈，而且同樣會保護卵子的眼鏡王蛇媽媽吧。

行軍蟻的工蟻
通常都是瞎
子，只會依靠
觸覺和嗅覺探
索四周。

蟻后

蟻后的身體每周都會脹起
來，以產下數以千計的蟻
卵。在這段時間裏，工蟻會
重重包圍住蟻后，形成巨大
的保護層。

當蟻羣在某個地方
安定下來後，那裏
就成為了蟻營。

蟻羣搬家

隨着蟻幼蟲長大，整個蟻羣會遷徙
到其他地方，變得暴躁易怒的行
軍蟻會排成一列，沿着氣味的道路行進，並攻擊任何
擋在其去路的小動物。

行軍蟻會向着昆蟲或其
他獵物一湧而上，並用
牠們的剌把對方殺死，
並把獵物撕成碎片，為
蟻羣提供肉食。

從蟻卵到幼蟲

每顆蟻卵子都會發育成下一階
段，就是一條條不斷扭動、
像蠕蟲一樣的幼蟲。牠們會
由工蟻撫養長大。隨着越來
越多幼蟲出生，蟻羣便變得
忙個不停。

行軍蟻

一般動物家庭不大可能比媽蟻的羣落更龐大。數以
百計的媽蟻都有同一位母親：就是負責產卵的蟻后。
部分媽蟻都會住在蟻巢裏，但來自南美洲雨林的行軍
蟻，卻會在捕捉獵物的同時，往不同的地方遷徙。

從幼蟲到結蛹

每條幼蟲都會變成蟻
蛹，這是行軍蟻變態完全
改變身體型態、發育
至成年的階段。幼蟲
和成年蛹無法行走，因
此成年行軍蟻必須帶
着牠們移動。

這隻工蟻正帶着蟻蛹前行。

發育完成

蟻蛹會發育成不同種類的成年行軍蟻，包括雌性的兵蟻和工蟻，還有雄蟻。每種行軍蟻都有各自擔任的職責。

雄蟻

蟻后也會產下未受精的卵子，會發育成牠的兒子，稱為雄蟻。與其他蟻蟻不同，雄蟻長有翅膀，能夠飛到其他蟻巢，與另一隻蟻后交配。

了解更多

請回到第80至83頁，重溫其他成年雌性昆蟲的繁殖環境吧。

工蟻

另一種最大成年行軍蟻就是工蟻。牠們會殺死細小的動物來為蟻巢提供食物。牠們也會在蟻巢搬遷時搬運幼蟲或蟻蛹，就像兵蟻一樣。工蟻也是由受精卵發育而成的。

兵蟻

擁有最大頭部的成年行軍蟻稱為兵蟻。牠們是蟻后的女兒，從受精卵發育而成。兵蟻最具攻擊性，會藉由噬咬敵人以保護蟻巢。

螺蠃

螺蠃會用泥土建巢，泥土乾透後就像一個泥盆器一樣，形成堅固的容器。

紙胡蜂

許多紙胡蜂都利用咀嚼過的木材和植物纖維混合口水來建造蜂巢，這些混合物會在陽光下硬化。

蜜蜂

與行軍蟻不同，蜜蜂生活往往稱為蜂巢的固定巢穴裏。他們靠進食花蜜粉和花蜜為生，不會吃肉。

蝴蝶

拍動翅膀的成年蝴蝶和牠幼年時蠕蠕而動的毛蟲毫不相似，因為蝴蝶經歷了重大的生命變化，這個過程稱為完全變態。就像其他會經歷這種變化的昆蟲一樣，這裏介紹的帝王斑蝶也擁有4個生命階段：卵、幼蟲、蛹及成蟲。

毛蟲

帝王斑蝶的毛蟲會啃食乳草的葉子，這是牠們唯一能吃的葉子。為了長大，毛蟲必須蛻皮。舊皮會裂開，毛蟲會披上新的外皮，從裏面爬出來。

最初，蝴蝶翅膀是又皺又濕漉漉的。

每條毛蟲都會以絲線懸掛成「J」字的形態。

金蛹

大約兩星期後，帝王斑蝶的毛蟲發育完成。牠會進行第5次蛻皮，也是毛蟲變成懸掛着的蛹前最後一次蛻皮。金蛹是蛹的其中一種：那是一個小囊，蠕動的毛蟲會在裏面變成一隻會飛的昆蟲。

細小、沒有翅膀的毛蟲會用粗短的腿來爬行。

孵蛋

帝王斑蝶的卵子會在產下的數天後孵化，牠的幼蟲稱為毛蟲。毛蟲非常細小，細得幾乎看不見。牠們會吃掉卵子的外殼，然後開始以乳草為食。

毛蟲會用牠們剪刀似的顎部剪碎葉子。

了解更多
你也可以回到第78至79頁重溫螞蟻的變態過程，以及打開第82至83頁認識蜻蜓的變態過程。

秋天裏，數以百萬計的帝王斑蝶會從加拿大和美國往南飛，前往墨西哥過冬。在那裏，牠們會在樹上擠在一起以保持溫暖。到了春天，牠們會再次往北飛。

蝴蝶

經過8至14天，金蛹會裂開，蝴蝶會從中鑽出來。大約1小時後，牠便準備好展翅飛翔了。牠如今不再像毛蟲時代般啃咬葉子為生，而是利用一根名叫口器的長管吸取花蜜。

帝王斑蝶從蛹冒出來後，會在3至8天內繁殖。

有些帝王斑蝶
會從加拿大
遷往墨西哥，
移動超過
5,000公里。

蛾繭

就像蝴蝶一樣，飛蛾也會經歷完全變態，不過牠們不會形成堅硬的金蛹。相反，牠們會在蛹的周圍繞上絲線，形成繭。這些絲線能用來製造衣物。

產卵

雌性帝王斑蝶在交配後，便會立即開始產卵。卵子約為針頭大小，會一個一個地產下，黏在乳草的葉子上。雌性帝王斑蝶一生中可能產下300至500顆卵子。

徹底變乾

蜻蜓會在太陽下等待腿部和身體變硬及翅膀變乾。接着牠便會開始捕捉食物，例如蚊子、蒼蠅、蜜蜂和蝴蝶，而牠亦開始尋找交配對象。

鑽出來的成年蜻蜓會拉出牠柔軟的新身體，並小心伸展腹部。

蜻蜓

　　能迅速飛行的蜻蜓，例如這頁介紹的綠織針蜻蜓，會在湖泊、池塘及溪流附近的空中穿梭。年幼的蜻蜓稱為若蟲，牠們看似成年蜻蜓，但並沒有翅膀。若蟲會藉由蛻去自己的外骨骼來變化為成年蜻蜓，這個過程稱為不完全變態。

破殼而出

若蟲最終會離開水底，準備一生中最後一次蛻皮。牠會令外骨骼膨脹起來，令外骨骼裂開。成熟的蜻蜓便會爬出來，準備展開成蟲的生活。

若蟲通常會藉着攀扶植物的莖爬上來，離開充滿水的生活環境。

強而有力的翅膀令蜻蜓能夠以每小時50公里的速度飛行。

蛻皮

若蟲沒有具伸展性的皮膚，不過牠擁有堅硬的外層，稱為外骨骼。牠必須定時蛻去外骨骼，讓自己能夠長大。每次蛻皮之間的階段稱為齡期。

了解更多
請閱讀第84至85頁，比較一下螳螂和蜻蜓的生命周期有什麼異同。

蜻蜓成蟲的翅膀正開始發育，但目前翅膀仍塞在翅褥中。

交配

交配時，雄性蜻蜓會用在長尾巴末端上的交尾器，抓住雌性的頭部。雌性蜻蜓會在雄性下方蜷起腹部，讓雄性能令牠的卵子受精。

蜻蜓可能在棲息處交配，甚至可能在飛行期間於半空中交配。

產卵

雌性綠織針蜻蜓會把自己的卵子，產於牠在水生植物莖部裏特製的小裂縫中。通常在雌性蜻蜓產卵時，雄性蜻蜓會扶着牠。

孵化

從卵子中孵化出的蜻蜓幼蟲稱為若蟲。蜻蜓的若蟲能透過直腸中的鰓來呼吸，視乎品種而定，若蟲會生活在水中數個月甚至數年。

蜻蜓的若蟲是非常兇猛的捕獵者，會捕捉小魚、蝌蚪、和其他昆蟲的幼蟲。

史前祖先

化石顯示蜻蜓大約是在3億年前演化而成的。一些古代的蜻蜓體型大得嚇人，翼展可長達60厘米。

蚊子

蚊子和蜻蜓相似，在幼蟲時間會生活在水中。不過牠們與蜻蜓不同，蚊子會經歷完全變態的過程，幼蟲會變成漂浮在水中的蛹，再變成有翅膀的成蟲。

蜉蝣

蜉蝣的幼蟲時期也是在水中渡過的。一旦飛到空中，蜉蝣的成蟲往往只會生存不多於一天。成年蜉蝣不會進食，牠們會運用緊迫的時間來交配，然後便會死亡。

螳螂

螳螂是致命的捕獵者，牠們會用布滿硬刺的前臂抓住獵物，並用兩顎把獵物切碎。這種昆蟲對同類而言也可能構成危險。許多雌性螳螂，包括圖中這種薄翅螳螂，會在交配後把雄性螳螂吃掉。雄性身體的養分有助雌性產生出更多卵子。

準備繁殖

當雌性薄翅螳螂準備好繁殖後，牠便會向空氣中釋放出一種名為費洛蒙的化學物質，以吸引雄性。

謹慎行事

雄性螳螂前來，並會小心翼翼地接近雌性。牠會讓自己留在雌性的後方，以防雌性在交配前便襲擊牠。

吃掉爸爸

在交配結束，甚至在交配途中，雌性螳螂會把雄性吃掉。牠首先會把對方的頭部咬掉，然後狼吞虎嚥地享用餘下的身體部分。

抓緊！

雄性螳螂會躍到雌性螳螂的背上。牠會用觸角輕掃雌性螳螂，令對方冷靜下來，然後兩隻螳螂便會交配。

嚇人外觀

當受到威嚇時，許多品種的螳螂都會站立起來，伸展前臂，並扇動翅膀，讓自己看來比較巨大，而且更加可怕。這足以令部分捕獵者退卻。

雄性止步

北美竹節螳螂是全女班的品種，因此牠沒有可以吃掉的雄性！北美竹節螳螂的幼蟲都是母親的小型複製品。這種繁殖方式稱為孤雌生殖。

分泌泡沫

獲得雄性螳螂身體的養分後，懷孕了的雌性螳螂如今可以產卵了。牠會在位於身體後方的腹部的腺體中，分泌出一大團泡沫狀的物質，並在裏面產下100至200顆卵子。

形成硬殼

泡沫會變硬，以形成一個具保護性的外殼，稱為卵囊，通常會包裹住植物的枝條。

破殼而出

細小的若蟲會從卵囊中冒出來。牠們會以絲線懸掛下來，然後弄破囊狀的外殼，開始出發獨自生活。

了解更多
請回到第74至77頁，找出蚯蚓和蜘蛛怎樣在卵囊或繭中產卵。

變為成蟲

若蟲會經過8次蛻皮，才變為成蟲。薄翅螳螂能夠在野外生存約1年，只要牠們能逃過捕獵者的毒手。

終極犧牲

黑蕾絲蜘蛛母親會為寶寶犧牲自己。年幼的蜘蛛會藉由吃掉母親的身體來獲取必要的養分，幫助牠們保持健康。

黑寡婦蜘蛛

雌性黑寡婦蜘蛛有時會在交配後，吃掉體型比自己細小得多的雄性蜘蛛。雄性會嘗試挑選已經吃飽了的對象來交配，減少對方因感到飢餓而把牠們吃掉的機會。

水中的生命

　　水覆蓋着地球接近四分之三的表面，最原始的生命便是從海洋中演化出來，所以有如此多生物以水為家也不足為奇。那些長有鰓的動物一輩子都會留在水底過活，不過其他沒有鰓的動物，就必須要不時浮上水面呼吸空氣才能生存下去。

淡水

河流

淡水會以雨水的形態落在陸地上，並匯聚到河道中，往下游流去，最終抵達海洋。從水流不斷翻騰的溪流與瀑布，到寬廣且緩緩流淌的河流，生命都在每一個階段中蓬勃滋長。

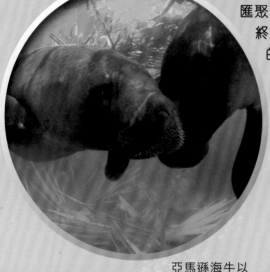

亞馬遜海牛以河流為家。

龍蝨能夠在細小的池塘中生存。

泥塘與沼澤

有些種類的植物能在池水中扎根，有些植物則會浮在水面，形成茂密的植被。這些泥塘與沼澤為捕獵者和獵物提供非常理想的掩護。

凱門鱷會在南美洲亞馬遜河的泥濘河岸中，捕獵魚類和偶爾出現的水鳥。

池塘與湖泊

有些生物能夠在池塘或細小的水池裏生活，不過這些水體可能會在乾旱的季節時乾涸。有些生物則活在深沉的湖泊中，這些湖泊可以廣闊得讓你看不見對岸。

珊瑚礁

一些稱為珊瑚水螅體的海葵狀小動物會成羣地生長，建立出岩質的骨架，稱為珊瑚礁。珊瑚礁生長在温暖的海岸，棲息的動物種類比其他任何海洋環境都要多。

紅樹林沼澤

很少陸上植物能在充滿鹽分的海水中生存，不過紅樹卻是例外。它們在熱帶地區的沿岸泥地裏生根，為生活在陸地與海洋之間的動物提供一個樹林，作為棲身之所。

海豹為了生存，需要依靠冰上的孔洞去呼吸空氣。

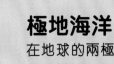

巨大的管狀海綿在珊瑚礁上的珊瑚之間生長。

極地海洋

在地球的兩極，太陽的光線太微弱，無法帶來太多溫暖，代表那裏的海洋會非常寒冷，海面會有冰形成。然而魚類、海豹和鯨類都在冰下資源豐富的水域安居，因為那裏有大量海洋生物可供食用。

鹹水

深海

深海是地球上最大的棲息地。因為陽光無法抵達深海，所以那裏大部分地方都是寒冷和漆黑的，但即使在這種環境中依然有生命存在。

巨棘角鮟鱇魚生活在海洋深處，會利用發光的誘餌來引誘獵物。

廣闊海洋

微生藻類會在海洋表面漂浮，成為魚類、鯨類和其他海洋生物的美味大餐。廣闊海洋中沒有可供藏身的地方，所以動物必須能融入環境，或是有足夠的速度來逃避危險或捕捉獵物。

殺人鯨，又稱虎鯨，是巨大的海洋捕獵者。牠們會組成小隊分工合作，去捕獵海豹或其他獵物。

海岸

有些動物較喜歡堅硬而布滿石塊的海岸，有些則喜歡需要覆蓋着泥土或沙子、地質較為柔軟的海岸。不過所有海岸動物都必須適應定時去而復還的海洋潮汐。

海鳥

螃蟹

海星

海岸的岩石之間，會儲藏海水形成潮池，讓海葵、螃蟹等動物棲息其中。

並肩同游

檸檬鯊會在淺水區交配。雄性在雌性身邊游動，並用顎骨咬住雌性的胸鰭，令對方留在自己附近，預備交配。

繁殖大軍

雄性和雌性檸檬鯊會從牠們覓食的水域開始，展開長途的遷徙，前往特殊的繁殖地點。該處會有數量龐大的鯊魚聚集在一起。

鯊魚

像大部分鯊魚一樣，雌性檸檬鯊都會直接產下鯊魚寶寶，牠們一出生便能夠游泳。鯊魚寶寶出生於特殊的「育兒區」附近，例如岸邊的紅樹林，因為那裏有大量藏身之所和食物，增加鯊魚寶寶的存活機會。

前往育兒區

完成交配的大約10至12個月後，分娩時間到了。雌性檸檬鯊會游到紅樹林的邊緣，這裏就是鯊魚的「育兒區」，牠的寶寶會在這裏度過生命中的第一年。

尾巴先行

鯊魚媽媽每胎能生產超過10尾鯊魚寶寶。鯊魚寶寶的尾巴會首先從母體中冒出，身體仍然連接着臍帶。當寶寶游開時，臍帶便會斷裂。

鯊魚蛋

有些鯊魚會產卵。牠們的卵會由皮質的外殼保護，並有卷鬚依附着珊瑚、海草或海林。鯊魚媽媽會讓卵自行孵化。

沙虎鯊

在沙虎鯊媽媽體內率先發育的寶寶，會吃掉那些未出生的同伴。這隻進食同類的動物接着會繼續把其餘的卵子都吃掉。

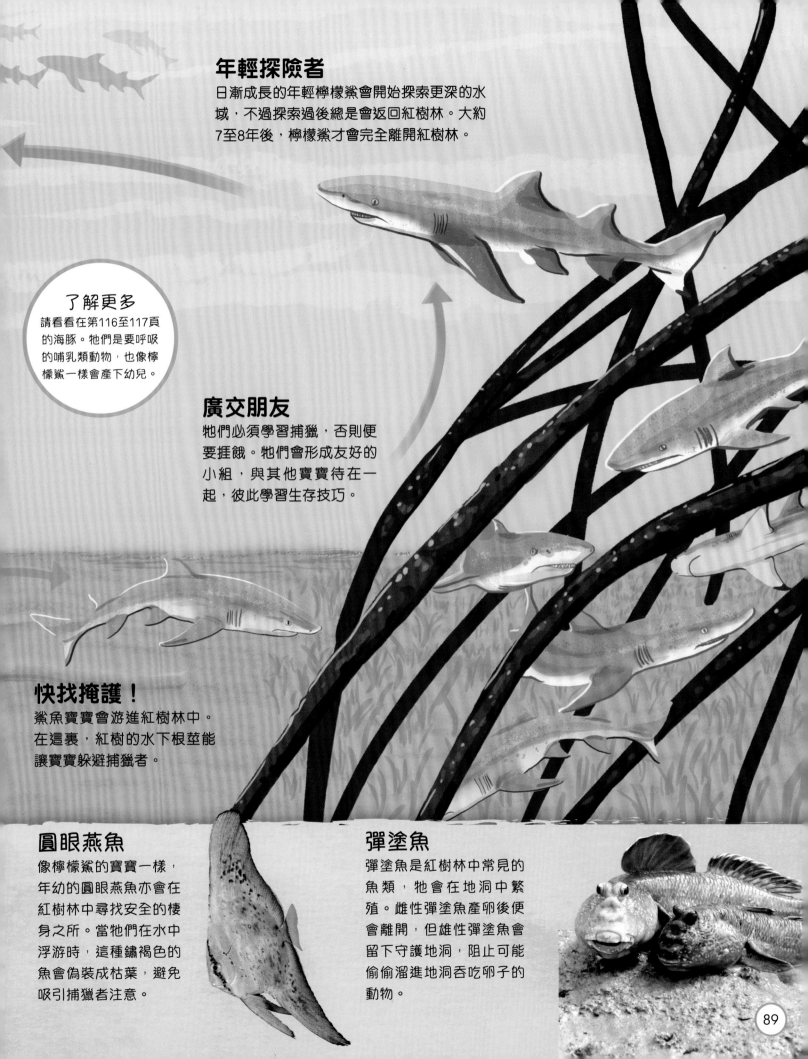

年輕探險者

日漸成長的年輕檸檬鯊會開始探索更深的水域，不過探索過後總是會返回紅樹林。大約7至8年後，檸檬鯊才會完全離開紅樹林。

了解更多

請看看在第116至117頁的海豚。牠們是要呼吸的哺乳類動物，也像檸檬鯊一樣會產下幼兒。

廣交朋友

牠們必須學習捕獵，否則便要捱餓。牠們會形成友好的小組，與其他寶寶待在一起，彼此學習生存技巧。

快找掩護！

鯊魚寶寶會游進紅樹林中。在這裏，紅樹的水下根莖能讓寶寶躲避捕獵者。

圓眼燕魚

像檸檬鯊的寶寶一樣，年幼的圓眼燕魚亦會在紅樹林中尋找安全的棲身之所。當牠們在水中浮游時，這種鏽褐色的魚會偽裝成枯葉，避免吸引捕獵者注意。

彈塗魚

彈塗魚是紅樹林中常見的魚類，牠會在地洞中繁殖。雌性彈塗魚產卵後便會離開，但雄性彈塗魚會留下守護地洞，阻止可能偷偷溜進地洞吞吃卵子的動物。

年青三文魚

數星期後，稱為魚苗的三文魚寶寶已經變成了游泳好手。牠們會離開出生的溪流，游向下游河流來尋找食物。牠們大多會進食昆蟲，亦有些會吃浮游生物。

改變色彩

到了兩歲時，稱為幼鮭的年輕三文魚已經改變了顏色，現在牠們擁有銀色的身體和紅色的尾巴。牠們會游往下游的河口，在那裏適應鹹水的環境，然後游出大海。

孵化稚魚

剛孵化的三文魚被稱為稚魚。牠們非常細小，只有2.5厘米長。牠們擁有一個大大的卵黃囊，為牠們提供營養。

三文魚卵

雌性三文魚會在上游淺水溪流底部的沙礫上築巢，並產下50至200顆卵子。雄性三文魚令卵子受精後便會死亡，而雌性隨後也會死亡。卵子會留在巢內32至42天。

三文魚

往大海去

幼鮭一到達大海便會發育成熟，變為成年三文魚。牠們會在海中生活長達4年，進食動物性浮游生物。三文魚曾被發現在太平洋15至33米深的海域活動。

逆流而上

為了產卵繁殖，三文魚會沿着牠們年輕時順流而下的那條河流，逆向游回上游。牠們要躍過急流，並避開飢餓的熊。那些在這場障礙賽中生還的三文魚都會因種種勞累而變得筋疲力竭。

三文魚

紅鮭是其中一種三文魚，牠們一生中會經歷許多改變。牠們會從一個淡水區的棲息地，遷徙到另一個鹹水區，再返回淡水區的地方，牠們會由進食昆蟲改以吞食浮游生物為生；牠們顏色會從明亮的綠色變成淺綠色，再變成銀色，然後是藍色，最後變成紅色。

了解更多

請回到第70至71頁，重溫同樣會在交配後死亡的八爪魚。

黃邊龍舌蘭

三文魚一生只會繁殖一次。這種現象也會發生在植物的身上，例如黃邊龍舌蘭一生只會開一次花，之後便會凋謝死亡。

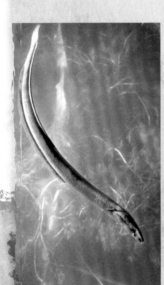

淡水鰻

三文魚為了繁殖會從大海遷游到河流，淡水鰻則相反，會從河流游到大海繁殖，稱為降河洄游。三文魚由湖河洄游，稱為溯河洄游。

棕熊

這些可怕的熊最愛以三文魚為食。當三文魚游向上游準備產卵時，棕熊便會走進急流中去捕捉三文魚。

海馬

海馬是一種非比尋常的魚。管海馬身上長有硬甲而非鱗片，牠擁有能夠獨立移動的眼睛，小小的魚鰭令牠難以游泳，尾部能夠抓住不同的物體和其他海馬。最特別的是，負責保護育兒袋裏卵子的是海馬爸爸，牠們會為卵子提供養分，並誕下海馬寶寶。

求偶

當雌性海馬準備好交配時，牠會移向雄性海馬，並開始跳起求愛的舞蹈，向着雄性海馬點頭。雄性海馬可能會鼓脹起育兒袋回應。

求偶中的海馬常常勾住伴侶的尾巴游泳。

雌性海馬把卵子輸送給雄性海馬後，牠看起來會變得較瘦，而雄性變得較胖。

海馬能夠一起舞動數小時，甚至數天。

懷孕的爸爸

雄性海馬的育兒袋某程度上和雌性哺乳類動物的子宮很相似。雄性海馬會產生營養素，包括部分來自海水的養分，滲透進育兒袋中，以保持卵子健康。

輸送卵子

求愛舞結束時，雌性海馬會把卵子轉給雄性海馬。雌性會把一根管子插入雄性的育兒袋中，並把卵子傳給雄性。卵子接着便會在雄性的育兒袋中受精。

快高長大

海馬不會照顧自己的後代。細小的海馬苗要靠自己保護自己。許多海馬苗會被其他動物吃掉，而存活下來的海馬苗會在3至4個月裏發育至成年海馬的大小。牠們能活至5歲。

海馬苗只有7毫米長。

剛孵化的海馬會成為海洋動物性浮游生物的一員。

海馬苗一般會在**晚間誕生**，而且通常都是在**滿月**的照耀下。

誕下寶寶

數星期後，卵子孵化了。為了把海馬寶寶從育兒袋中釋放出來，雄性海馬的身體會不斷收縮數小時，然後噴出多達200隻稱為海馬苗的迷你海馬。

了解更多

在不少動物夫妻中，雄性都是主要育兒的家長，包括在第94至95頁的草莓箭毒蛙。

膨腹海馬

在澳洲附近海域出沒的膨腹海馬，是所有海馬當中體型最大的。就有如其名，牠看似擁有一個大肚腩。

侏儒海馬

侏儒海馬非常擅於偽裝。牠身上的粉紅色和牠附近的珊瑚很相配。

後頜魚

雄性後頜魚也會產下幼魚。雄魚會在嘴巴裏孵化卵子，需時約8至10天，到幼魚孵化後再把幼魚推出嘴巴外。

青蛙

許多青蛙是出乎意料的好爸媽。牠們會用上許多時間去保持卵子和蝌蚪濕潤，就像大部分兩棲類動物一樣。青蛙需要水來完成牠們的生命周期。就算是在中美洲的熱帶雨林，即草莓箭毒蛙的家園，尋找水源亦是重大挑戰。

草莓箭毒蛙的鮮豔色彩，能警告捕獵者有致命的皮膚化學物質。

保衛卵子

雄蛙會保護卵子，並以尿液保持卵子清潔濕潤，直到卵子孵化成蝌蚪。

交配

雄蛙會以鳴叫聲吸引雌蛙，還可能會爬到雌蛙的背上，然後在葉子上釋出精子。雌蛙接著會產下卵子，讓卵子能受精。

帶蝌蚪出門

雌蛙會在卵子開始孵化時回來。牠會坐在卵子上，等待蝌蚪爬到牠的背上，然後牠會任後爬進鳳梨科植物上的小水池中，好讓蝌蚪游走。

長出四肢

小蝌蚪擁有和魚相似的鰓，還有長尾巴用來游泳。牠以母蛙未經受精的卵子為食糧，數星期後牠會經歷變態過程，發育出四肢。

小青蛙

蝌蚪很快便會去掉鰓部，長出肺部，令牠可以呼吸空氣。現在稱為幼蛙的牠，開始進食細小的昆蟲。牠會一直留在小水池裏，直到尾巴消失。

墨西哥鈍口螈

與其他兩棲類動物不同，這種大型的蠑螈頭長有外露的鰓部，還有像魚一般的尾巴。牠不會經歷完整的變態過程，並且一輩子都活在水中。

青蛙一口氣可以產下數千顆卵子。

成年生活

草莓箭毒蛙長成後如今已發育完成。牠會在一層層的葉子之間生活，令牠在雨林中難以被發現。要找出草莓毒蛙的最佳方法，就是細聽雄蛙在保衞領地時發出的鳴叫聲。

了解更多

回到第78至85頁，重溫不同種類的昆蟲怎樣經歷變態過程吧。

產婆蟾

這隻雄性產婆蟾身後帶着一串卵子，這串卵子會包圍住牠的腳踝。當卵子準備孵化時，牠便會走進淺水區裏。

達爾文蛙

在卵子孵化成蝌蚪前，達爾文蛙爸爸便會把卵子收集起來，藏在喉囊中。牠會一直懷抱着卵子直至孵化，而幼蛙會自行跳出爸爸的嘴巴。

時光洪流中的恐龍

恐龍是極其成功而且多樣化的動物族羣。牠們在大約2.52億至6,600萬年前的中生代時期主宰地球,並開枝散葉,遍布所有大洲。恐龍的體形各有不同,從細小的兩足肉食恐龍,到有着長長脖子的巨無霸,足以令今天任何一種陸上動物都顯得像個小不點。

劍龍

劍龍的背板可能只有觀賞用途,例如求偶。

始盜龍

三疊紀

在二疊紀—三疊紀大滅絕後,這個時期從荒蕪的環境中展開。大滅絕消滅了地球上超過百分之九十的生物。在幾乎沒有競爭的情況下,恐龍很快便佔盡優勢。

早期的恐龍

艾雷拉龍和始盜龍都是我們已知最早期的恐龍之一。牠們都會以兩足行走,均是在阿根廷被發現。大約在同一時期,最原始的哺乳類動物亦開始演化誕生。

三疊紀大滅絕

在三疊紀末期,一場大滅絕消滅了許多物種,包括爬行類動物。新的恐龍出現並取代了牠們的位置。

侏羅紀的巨無霸

隨着大陸分裂,地球的氣候變得較為潮濕,茂密蒼翠的雨林迅速生長。恐龍族羣發展興旺,龐大及威力驚人的品種開始出現,例如劍龍、異特龍、腕龍等。

恐龍形態類動物

從大滅絕的灰燼中,一羣奇特的爬行類動物開始冒起。恐龍形態類動物是體型嬌小而且輕盈的動物,能夠以兩足或四足行走。牠們將會演化成最原始的恐龍。

體型變大

儘管大部分恐龍仍是相當細小,但有些較大型的恐龍,例如板龍開始出現。板龍大約有8米長。

板龍

2億5,200萬年前

2億4,900萬年前

2億3,500萬年前

2億1,000萬年前

2億100萬年前

2億年前

火山爆發

一座位於印度的巨型火山爆發了25萬年，噴出大量火山灰與熔岩。不過僅僅憑着這情況並不足以導致恐龍滅絕。

現代的恐龍

所有存活至今的鳥類，都是從那些在大滅絕中倖存的小型恐龍演化而成。牠們是超過1.5億年前一些能夠用兩足行走、用前肢當翅膀飛行的有羽毛肉食性恐龍的後裔。因此，恐龍終究仍然和我們一起生活！

贏家和輸家

在白堊紀時期，有些種類的恐龍非常成功，例如依靠吃植物為生、有喙狀嘴巴的角龍類和長有鴨嘴的鴨嘴龍類；有些品種則逐漸衰亡，包括劍龍和蜥腳類恐龍。

往窗外看看，你也許會看見一隻小恐龍！

三角龍

三角龍是一種角龍，也是其中一種存活到最後的恐龍。牠和暴龍生活在同一時期。

大滅絕

一顆直徑約10公里的小行星撞向墨西哥希克蘇魯伯附近。在最初的衝擊造成破壞過後，飛揚的塵土令世界變得寒冷黑暗，不宜居住。恐龍最終走向滅絕。或者，還有其他原因嗎？

恐龍

掘奔龍是一種細小但特殊的恐龍,生活在9,500萬年前的北美洲。這些恐龍會挖掘出S形的地洞,讓牠們可躲在裏面避開駭人的捕獵者,以及抵禦風暴。

出門走走

年輕的掘奔龍開始離開地洞,到外面活動,以學習哪些植物可以吃,並鍛煉用於挖掘的肌肉。牠們會留在父母身邊數年。

破蛋而出

剛孵化的小恐龍利用牠喙部上的「蛋齒」敲開蛋殼。蛋齒是專門用來讓小恐龍打破蛋殼的牙齒,很快便會掉落。不過恐龍寶寶會繼續躲藏起來,依靠父母提供食物。

了解更多
請翻回第96至97頁,重溫各種史前恐龍。

恐龍下蛋

像其他恐龍一樣,掘奔龍也會下蛋。牠會把產下的蛋安全地藏在地下巢穴中。掘奔龍挖出的地洞入口非常狹窄,卻能通往一個較大的空間,那空間正是巢穴的所在地。

挖掘地洞

當年輕的掘奔龍到了離巢的時候，牠也許會找到被廢棄的地洞，加以修補，然後搬進自己的領地；或者可能會自行從頭開始，挖掘屬於自己的地洞。

交配

雄性掘奔龍會令地洞顯得盡善盡美，因為沒有任何雌性掘奔龍願意在簡陋的家園裏下蛋！雌性選擇好伴侶後，便會搬進地洞中下蛋。兩頭恐龍會一同修築巢穴。

在掘奔龍曾居住與**死亡**的地洞裏發現了牠們的**化石**。

海雀

時至今日，部分恐龍的親屬，即鳥類仍然會居於窩巢與洞穴中。海雀洞穴的形狀與掘奔龍挖出的洞穴非常相似。

哥法地鼠龜

這種陸龜能幫助其他野生動物。牠們會挖掘出巨大的地洞，為許多不同種類的動物，包括蛇、蜥蜴、鼠類等提供棲身之所。

免遭火燒

地洞在森林大火中通常仍能安全無恙，因為地洞能保存水分，令洞裏保持低溫，即使在火災中亦然。

鮮豔的肉冠

當年輕的凱瓦神翼龍踏進成年時，牠那色彩鮮豔的肉冠也完全發育，肉冠可能用於展示以吸引交配對象。成年凱瓦神翼龍會長途出行，以找尋食物和水源。

巢穴與蛋

每年，雌性凱瓦神翼龍都會回到相同的地方築巢及生蛋。這些蛋的殼非常柔軟，脆弱得無法坐在上面，因此翼龍媽媽會把蛋藏在一堆植物的下面，或是把蛋埋在沙子裏以保持溫暖。

當植物腐爛時會產生熱力，有助為翼龍蛋保暖。

化石

翼龍化石顯示，牠們的骨骼是中空的，有着很薄的外層，令翼龍非常輕盈，有助牠們飛行。

綠洲

當水從地底滲出沙漠表面時，便會形成綠洲，創造出一處肥沃的區域，讓植物生長，也讓動物喝水和進食。在綠洲附近發現的化石顯示，凱瓦神翼龍曾經居住在綠洲附近。

凱瓦神翼龍估計只會進食植物，是一種是**草食性動物**。

學習飛行

小凱瓦神翼龍發育迅速，很快便能夠飛行。牠們會藉由在巢穴附近作短距離飛行，徹底訓練翅膀的肌肉。

了解更多
請翻回第96至97頁，重溫各種史前恐龍。

脆弱小翼龍

小凱瓦神翼龍剛出生時非常脆弱無助，只能依賴父母提供食物。族羣能保障這些弱小的翼龍寶寶安全。

翼龍

在恐龍的時代，會飛的爬行類動物翼龍主宰了天空。凱瓦神翼龍是一種來自南美洲的翼龍，生活於9,100萬年前稱為白堊紀末期的時代。

一同生活

現今羣居的鳥類，例如紅鶴都會成羣地築巢和繁殖。此前有考古遺址發現大量凱瓦神翼龍化石，包括了蛋、幼龍和成年翼龍，説明牠們曾經以類似的方式生活。

海龜

綠海龜生活在溫暖的海域與海岸地區。牠們會花費許多年時間在廣闊的海洋中暢游，直至牠們準備好繁殖。海龜會浮到海面上呼吸，並會在海灘上生蛋。雌性綠海龜一般會回到們出生的海灘上生蛋。

了解更多
重溫一下其他都會游到特定地方繁殖的海洋動物，例如在第88至91頁的檸檬鯊和三文魚。

雌性綠海龜返回陸上。

返回故鄉

在交配後大約兩星期，雌性海龜通常會在晚間離開水中，牠會爬到岸上，找尋合適的位置挖出巢穴。

海龜媽媽會生下大小像乒乓球的海龜蛋。每個巢穴被稱為一窩蛋。

海龜能感知海浪的方向，有助牠們在水中辨明去路。

沙裏下蛋

海龜媽媽會在牠的巢穴中產下多達200顆蛋，然後用沙子覆蓋着海龜蛋，完成後就會回到大海中。牠會重覆這個過程數次。沙子會保持海龜蛋溫暖，而蛋就這樣在沙裏像孵蛋一樣靜待數周。

破殼而出

包圍着海龜蛋的沙子溫度，會決定海龜的性別。較涼的沙子會產出雄性海龜，較暖的沙子就會是雌性。海龜寶寶會用特殊的牙齒打破蛋殼。

溫暖的海洋

海龜擁有鰭狀的四肢，十分適應海洋生活。圖中這隻綠海龜正在溫暖的墨西哥灣海岸水域中享受陽光。

保護海龜

海龜正瀕臨絕種，每隻海龜寶寶的存亡都非常重要。海龜「育幼」計劃能讓類似這隻欖蠵龜的海龜寶寶，有機會在圈養的環境中長大，然後再回歸野外生活。

淺海中交配

成年海龜會回到接近牠們築巢的淺水區域，以尋找食物及繁殖。雄性海龜會藉由抓着雌性海龜爭奪交配的機會。海龜一般會有數個交配對象。

迷失的歲月

只要回到大海，倖存的海龜寶寶便仿似消失無蹤一樣，沒有人確實知道牠們去了哪裏。這段時期被稱為「迷失的歲月」。海龜最少要花25年才能發育成熟，可以開始交配。

無助的寶寶

海龜寶寶對捕獵者來說，是非常容易捕捉的獵物。陸蟹、鱷魚、狗、鯊魚等動物都會視海龜蛋和海龜寶寶作獵物。

前往大海

海龜寶寶利用鰭狀肢作划槳爬出巢穴外，然後匆匆爬向大海。在晚間，月光在水面上的倒影，能幫助海龜寶寶辨認方向。

海龜寶寶非常迷你，牠們只有大約5厘米長。

紅耳龜

就像其他淡水龜一樣，紅耳龜擁有帶有爪子的腳，並有可縮回殼內的頭部與四肢。而海龜有的是鰭狀肢而非爪子，牠的身體也呈流線形，以方便在海洋生活。

青斑海蛇

青斑海蛇是一種蛇，一生大部分時間都在海洋中生活，但牠也像海龜一樣，會回到陸上的築巢區域生蛋。

蛇

眼鏡王蛇是世上最長的毒蛇。牠能生長至超過5米長，並主要以其他蛇類為獵物。不過，眼鏡王蛇也有温柔體貼的一面。許多蛇生蛋後，便會馬上捨棄牠們的蛋，而眼鏡王蛇則會為牠們的蛋築巢，保護它們，直至孵化。

求偶角力

在繁殖季節，雄蛇會為爭奪雌蛇而大打出手。牠們會高高的抬起頭部，然後扭打成一團，試圖把對手壓倒在地上，落敗的雄蛇就會偷偷溜之大吉。

眼鏡王蛇張開頸部皮褶，令自己體型顯得較實際龐大，以嚇走捕獵者。

守衛巢穴

蛇媽媽會在巢穴上蜷成一團躺着。如果牠感到有威脅，就會張開頸部皮褶，發出嘶嘶低鳴。牠亦會把身體一部分抬起至離開地面。當巨大的眼鏡王蛇直立起來時，牠們可以像成年人類一樣高！

寶寶孵化

就在孵化前的時刻，蛇媽媽便會離開巢穴，任由寶寶自己保護自己。在4至6年間，蛇寶寶便會發育成熟，可以繁殖下一代。

蛇寶寶的毒液就像成蛇的毒液一樣致命。

逐漸靠近
當勝出的雄蛇發現有意交配的雌蛇後，牠會溫柔地輕推雌蛇，並爬到雌蛇身上。雌蛇則會伸展頸部皮褶回應，然後兩條蛇便開始交配。

築巢生蛋
雌蛇會盤繞身體，然後把落葉堆起來。牠會在落葉堆中產下20至50顆蛋，然後用更多落葉把蛋蓋起來保暖。

了解更多
請返回第102至103頁，重溫雌性海龜怎樣把自己的蛋埋起來。可是牠不會留下來保護牠的蛋。

蟒蛇的顫抖
大部分蟒蛇媽媽為了保護自己的蛋，都會以身體緊緊地纏繞着它們。生活在較低溫環境的蟒蛇更會「顫動」自己的肌肉以產生熱力，保持蛇蛋溫暖。

母親的毒牙
雌性響尾蛇會產下活生生的幼蛇，並陪伴着牠的寶寶大約一星期左右。任何走得太近的捕獵者，都有可能被雌性響尾蛇的毒牙咬下致命的一口。

鱷魚運送者
雌性尼羅鱷會藉由把鱷魚蛋溫柔地用牙咬至裂開去幫助蛋孵化。為了保障新生鱷魚的安全，牠們會用嘴巴帶着鱷魚寶寶回到水中。

105

繁殖的顏色

在春季天氣開始變得較暖和時，胎生蜥蜴便會從冬眠中醒來。雄性蜥蜴會蛻皮，褪去變成薄片的皮膚，並發展出較鮮豔的繁殖顏色。

蜥蜴

大部分爬行類動物會產卵，但少數蜥蜴和一些蛇類會生下完全發育的寶寶。胎生蜥蜴非比尋常，因為牠同時能用這兩種方式來繁殖。胎生蜥蜴在天氣太冷或是在戶外產下的蛋會難以生存時，就會產下幼體；在氣候較和暖的地方，牠偶爾會生下蜥蜴蛋。

愛的咬噬

在求偶時，雄性蜥蜴會用兩顎抓着雌性蜥蜴。如果雌性接受牠，兩隻蜥蜴便會交配。不過如果雌性不感興趣，牠會狠狠地反咬雄性，令對方知難而退。

懷有胎兒

雌性蜥蜴會調節體溫，令自己的體溫剛好適合牠的後代在其體內發育。牠會做日光浴令自己變暖，或是躲在陰影中冷卻一下自己。

灣鱷

爬行類動物的蛋中，最大的就是灣鱷所產下的蛋。孵出的鱷魚寶寶是雄性還是雌性，就關乎蛋孵化期間巢穴的溫度。

橡皮蚺

蛇類懷有幼體的情況較蜥蜴常見。在所有蛇類中，大約有五分之一的品種會產下幼體，而不是生蛋，包括了橡皮蚺。牠一次最多能產下8條蛇寶寶。

活生生的寶寶

到了夏季，大約是交配後的兩個月，蜥蜴媽媽會生下3至11隻蜥蜴寶寶。在較溫暖地方，蜥蜴媽媽可能會下蛋而非誕下活生生的寶寶。

蜥蜴寶寶會在一層薄膜中出生，這層薄膜會在分娩時或是分娩後不久破裂。

展開新旅程

初生的蜥蜴寶寶已有能力保護自己。牠們出生沒多久便會迅速離開，獨立過活。雄性蜥蜴到了兩歲便發育成熟可以繁殖，而雌性則要到3歲才成熟。

了解更多

請回到第88至89頁，回顧一下也能產下幼體的冷血動物。

冬眠

生活在較低溫地區的胎生蜥蜴，冬季時會躲在地下或是有遮蔽物的地方，例如木堆中冬眠。在較溫暖的地區，胎生蜥蜴全年都會保持活躍。

傑克森變色龍

變色龍是其中一種蜥蜴。大部分變色龍都會下蛋，但傑克森變色龍是例外。雌性傑克森變色龍可以在交配後5至6個月間，產下多達35隻變色龍寶寶。雄性傑克森變色龍外貌相當出眾，因為牠的頭上有3隻角。

企鵝

　企鵝是生活在地球上最奇特的鳥類之一，其中一個例子是牠們不能飛行。我們將追蹤在冰天雪地的南極洲上生活的皇帝企鵝，了解牠非同凡響的生命周期。

來自大海

到了交配的季節，皇帝企鵝會從大海向內陸遷徙約90公里，直至抵達冰封的繁殖地點。

企鵝會互相低頭，作為交配前的求偶信號。

交配

企鵝大約會在3月至4月求偶及交配。當地的氣溫可以低至攝氏零下40度。

雄性企鵝會把蛋放在腳上，並用稱為育兒袋的皮褶覆蓋着蛋。

孵蛋

由6月至7月，企鵝媽媽會把蛋交給企鵝爸爸照顧，而牠就會返回大海。雄性企鵝會保持企鵝蛋溫暖，直至孵出小企鵝，這個過程稱為孵化。

生蛋

皇帝企鵝會在5月至6月間生蛋。每隻雌性企鵝只會生下一顆蛋。

企鵝**蛋**重約450克。

回歸大海

大約到1月至2月，小企鵝已準備好第一次到海洋去。當牠大約3歲時，便預備好交配，企鵝的生命周期又再次開始。

了解更多

還有其他生活在極端環境中的生命，例如第124至125頁的北極熊。

抱成一團

從10月到11月，當小企鵝的父母外出覓食時，牠們會成羣地抱在一起取暖。

換毛

在12月時，小企鵝就會開始換毛。牠的羽絨會慢慢掉落，並開始長出光滑防水的羽毛，代表小企鵝已經準備好要去游泳了。

企鵝父母會輪流出海捕獵，並回家餵養小企鵝。

潛水高手

皇帝企鵝是出色的泳手與潛水高手，牠們可留在水底下長達20分鐘，以捕捉獵物。

到了9月，小企鵝便能夠獨自在冰上站立，無需扶持。

餵食

企鵝媽媽會反芻胃裏儲存的食物來餵養小企鵝，那些食物有點像麵糊或油脂。

天敵

捕食皇帝企鵝的掠食者不多，但牠們必須提防豹海豹，因為豹海豹可能會突然撲擊皇帝企鵝。

小企鵝孵化時，已長有一層薄薄的羽絨。

孵出小企鵝

企鵝媽媽大約會在8月時從大海回來。有些企鵝蛋已經孵化，但如果小企鵝還未出生，她會從企鵝爸爸身上把蛋拿回來。企鵝蛋孵化後，企鵝媽媽也會把企鵝寶寶放在育兒袋中保暖。

了解更多

紅毛猩猩也會花很長時間來養育數量很少的寶寶，但能夠在許多年裏不斷繁殖。你可以翻到第130至131頁了解更多。

在生命中的第一年裏，漂泊信天翁身上的羽毛是棕色的，臉是白色的。隨着年歲漸長，牠們會變得比較白。

離巢

大約在9個月後，雛鳥可以飛行並獨立生活。這時候信天翁爸爸媽媽都已經筋疲力盡，要到兩年後才會再次繁殖。

照顧雛鳥

信天翁的雛鳥在孵出時已經長有白色的絨毛。牠們會吃魚和魷魚，然後迅速成長。信天翁爸爸媽媽會繼續分擔育兒的責任，例如在島嶼周邊的海域覓食。

信天翁的嗅覺非常敏銳，能幫助牠們追蹤魚類大餐。

有信天翁到了**70歲**時，仍能夠繁衍後代。

築巢

信天翁父母會蒐集泥土和草來築巢。牠們會花78天來孵化牠們產下的唯一一顆蛋。牠們會輪流坐在鳥巢上，每次坐兩至三個星期。

信天翁

有些動物繁殖速度很緩慢，但牠們長壽得足以在許多年裏不斷產下寶寶。漂泊信天翁在牠與伴侶的終生關係中便做到這一點。雄性和雌性的漂泊信天翁每兩年只會生產一顆蛋，但牠們能在半個世紀裏繼續廝守相伴。

信天翁一般只會在海面獵食，但有時也會潛到較深的地方覓食。

成為父母

信天翁要花很長時間來成長並成為父母。信天翁不會進行交配，直到雙方最少已年滿10歲。

尋找終身伴侶

信天翁一年裏大部分時間都是孑然一身的。不過到了11月，牠們會在寒冷的南冰洋，那些布滿青草的島嶼上聚集，互相打招呼及交配。

黑背胡狼

忠誠的繁殖伴侶關係亦出現在黑背胡狼身上。就像信天翁一樣，甚至牠們所生的小胡狼也會留下來，幫助父母照料下一胎的寶寶。

草原田鼠

大部分雄性田鼠都會與數隻雌性交配，但雄性草原田鼠卻只有一個伴侶，並會與雌性在照顧幼兒上扮演同等的角色。

黑冠長臂猿

雄性黑冠長臂猿(左)和雌性(右)每天會互相梳理毛髮，這個舉動有助鞏固兩者之間的親密關係，對成功養育後代非常重要。

繁殖

一到達歐洲，家燕便會配對成伴侶。雄燕會藉由表演飛行技術、唱歌和展示自己的尾巴來向雌燕求愛。如果雌燕被打動，這對家燕伴侶便會交配。家燕伴侶有時會廝守一生。

飛往北方

春季時，家燕會離開非洲，飛行數千公里遷徙到歐洲的繁殖區域。牠們在飛行期間會進食，又會低飛掠過湖泊和河流來啜水喝。

築巢

在建築物的屋頂上，家燕伴侶會用泥土製作出一個杯狀的巢。雌燕會產下3至7顆蛋。有時雄燕會幫助雌燕孵蛋。

了解更多
請翻到第128至129頁，了解同樣會利用建築物繁殖的棕蝠。

家燕父母會為雛燕捕捉昆蟲，並保持燕巢清潔。

餵飼雛燕

家燕的蛋大約在兩星期後孵化。無助脆弱的雛燕需要不停餵飼。到牠們約3星期大時，牠們便已長出羽毛，準備好飛行了。

斑尾鷸

這種鳥類保持着最長鳥類不停站飛行距離的紀錄。其中一隻斑尾鷸曾持續飛行了超過1.1萬公里，由新西蘭遷徙到中國的黃海。

斑頭雁

這種生活在亞洲的雁，曾經被追蹤到在接近7,300米的高空飛越喜馬拉雅山脈，比任何候鳥的飛行高度更高。

燕子

家燕是在建築物之間繁殖的燕子，我們經常可以看見牠們捕捉飛蟲時掠過田野的身影。在雛燕長大後，大部分生活於北半球的家燕便會飛走，前往較温暖的南方過冬，例如這些來自歐洲北部的家燕，便會遷徙到非洲南部。

遷徙的過程非常艱苦，許多家燕會因為體力耗盡、飢餓，或是遇上猛烈風暴而死亡。

非洲的冬天

當家燕抵達非洲南部後，牠們今次的旅程便告一段落。家燕會在濕地附近的棲息地渡過冬天，那兒的空中滿是嗡嗡亂飛的飛蟲，可以讓家燕大快朵頤。

飛往南方

家燕每年可能會養育兩窩雛燕。到了秋天，當所有的雛燕都學會飛行，並長出全新的羽毛後，家燕便會聚集成羣，向南方飛去。

北極燕鷗

這種鳥類也是紀錄保持者，牠的遷徙路途是所有候鳥中最長的。牠會從北極前往南極再回到北極，距離總長大約7萬公里。不過北極燕鷗會在遷徙中途休息，因此無法與斑尾鷸的不停站飛行相比。

椋鳥

遷徙中的椋鳥常常會聚集在一起，形成巨大的一團，並在空中扭動與轉向。這樣可以令捕獵者難以從團團轉的鳥羣中鎖定單一目標。

這個碗形的巢，一般會建於離地面1至3米高的地方。

簡單的鳥巢

交配過後，雌性褐色園丁鳥便會離開，並回到牠在樹上築起的簡單鳥巢裏產下一顆蛋。雌鳥會獨力撫養牠僅有的一隻雛鳥。

準備檢視

當雄性褐色園丁鳥對自己的布置感到滿意後，便會呼喚雌鳥來觀賞牠的傑作。如果雌鳥對雄鳥的收藏品感到滿意，便會與雄鳥交配。

如果雄性褐色園丁鳥離開了牠的涼亭，即使只是片刻，其他競爭者也可能把最引人注目的物件偷走。

裝飾涼亭

在草地上，雄性褐色園丁鳥會放上牠在森林裏收集的物件，例如花朵、樹葉、莓果、果實、甲蟲硬殼狀的翅膀、羽毛等。

褐色園丁鳥會把牠的收藏品按顏色、大小和形狀，完美地展示出來。

來跳舞嗎？

鸊鷉會藉由在湖泊和河流上一起跳舞來挑選伴侶。冠鸊鷉在跳舞的同時，還會互相送上水草，並快速撥動雙腳，一起在水上飛快地穿梭。

紅色信號

雄性麗色軍艦鳥選好築巢的地點後，便會鼓起喉部下方的鮮紅色皮囊以吸引雌鳥。牠亦會搖晃向外展開的翅膀，還會發出響亮的咯咯聲。總而言之，牠很難被忽視！

建造涼亭

雄性褐色園丁鳥會在樹苗周圍，編織上小樹枝和植物的莖來建造涼亭。涼亭建好後，看起來就像一間有圓拱形入口的小草屋。

園丁鳥

對雄性園丁鳥來說，尋找伴侶需要很多功夫。牠們要收集色彩繽紛的物件，並把自己的「寶物」放在牠們用樹枝搭建的「涼亭」旁邊展示。不同品種的園丁鳥會建造出不同種類的涼亭，其中褐色園丁鳥建造的涼亭最令人驚歎。

園丁鳥只在澳洲和新畿內亞生活。

鋪設草皮

雄性褐色園丁鳥會清空涼亭入口前的地面。接着牠會把這片區域以一層苔蘚覆蓋起來，直到看似是一片草地。

了解更多

請回到第108至111頁，重溫皇帝企鵝和漂泊信天翁怎樣建立長久的伴侶關係，以及照顧各自的雛鳥。

空中表演

為了向雌鳥求愛，雄性遊隼會在空中表演驚人的特技。雄性遊隼會向雌鳥展示牠高超的飛行技術，證明自己可以為雌鳥和孵化後的雛鳥捕捉食物。

色彩繽紛

奪目的色彩與螺旋形的尾巴有助雄性威氏麗色天堂鳥吸引配偶。牠會向雌鳥呼叫，並展開牠鮮綠色的羽毛，令雌鳥留下深刻印象。

海豚寶寶出生時，會由媽媽或海豚族群中的其他雌性海豚推上水面，讓牠能夠呼吸空氣。

就像其他哺乳類動物一樣，海豚也有乳頭，能夠以乳汁餵養牠們的寶寶。海豚寶寶在媽媽游泳時，每次只花4至5秒吃奶。

學習游泳

雌性海豚會懷胎12個月，然後分娩。海豚媽媽會教剛出生的海豚寶寶留在靠近自己的地方。當海豚媽媽游泳時，牠的身體會產生波浪，推動海豚寶寶和牠一起穿越海水。

海豚

儘管海豚生活在水中，樣子也和魚相似，但牠們其實是需要呼吸空氣、會生下幼兒的哺乳類動物。友善的寬吻海豚會成羣地一起生活，每羣可多達100條海豚。海豚既聰明又喜愛社交，牠們會一起做所有事情，包括在細小的育兒羣中養育幼兒。

一起游泳

雄性海豚會等待雌性海豚游近牠的領域，有時也會主動尋找交配對象。結為伴侶的海豚會並肩游泳，並在交配時互相磨擦腹部。

海豚主要以進食小魚和魷魚為生。牠們會利用回聲定位的技術，以回音來找尋獵物。

海豚游泳的速度可以高達
每小時30公里。

了解更多

在第88至89頁的檸檬鯊，也是在育兒區的保護下展開生命之旅。

海豚會躍出水面，以便更清楚地觀察獵物。

雌性海豚會保護育兒羣中的海豚寶寶，讓牠們免受鯊魚等捕獵者攻擊。

育兒羣組

每個海豚族羣中都有許多細小的育兒羣組，由海豚媽媽和牠們的寶寶組成。雌性海豚甚至會為其他雌性同伴照顧子女。這個現象稱為異親撫育。

海豚寶寶的哺乳期長達兩年，並會留在媽媽身邊3至6年。

發育完成

海豚會用聲音互相溝通。每條海豚都有自己獨特的聲音，讓牠們互相辨識、找尋及幫助同伴。

抹香鯨

成年抹香鯨會潛入深海覓食。當部分抹香鯨媽媽潛水時，其他抹香鯨媽媽會留在水面附近，保護育兒羣中的抹香鯨寶寶。

馬與幼駒

就像海豚寶寶一出生便能游泳一樣，馬的幼駒也能在出生後的短時間內站立起來，並開始行走。牠們都是早熟性動物的例子。

防衛圈

麝牛會藉由圍成一圈，保護牛犢免受野狼等捕獵者攻擊。牠們會把頭和角朝外地站着。牛犢則在圓圈中央，躲在媽媽的身體下方。

袋鼠

紅袋鼠是體形最大的有袋動物，牠們是一種會把幼兒放在育兒袋中的動物。牠們可以高達1.8米。袋鼠能用牠們強壯的後腿和有力的尾巴跳過澳洲的灌木叢帶和橫越沙漠。

雌性袋鼠一般體型較小，毛色也比雄性偏灰色。

強勁的雄性

勝出的雄性袋鼠可能要打敗多達10隻競爭者，才能贏得自己選中的伴侶。接着牠會透過嗅聞雌性袋鼠的尿液，去檢查對方是否已準備交配。

了解更多
在第92至93頁的海馬也有一個育兒袋，但帶着後代的卻是海馬爸爸。

照顧小袋鼠

交配過後，雌性袋鼠只需懷孕1個月，便會產下小袋鼠。新生的小袋鼠只有2.5厘米長，大約是蠶豆的大小。出生不久後，小袋鼠便會自行爬進媽媽的育兒袋裏。

育兒袋能在小袋鼠吃奶和成長時保護牠。

吸啜乳汁

袋鼠媽媽的育兒袋內層布滿乳腺，能產生乳汁餵養幼兒。小袋鼠會尋找乳頭並銜住它。小袋鼠能一直吸啜乳頭長達70天。

袋熊

與袋鼠不同，袋熊的育兒袋開口朝向牠的屁股，因為這樣在袋熊挖地洞時，便不會令育兒袋堆滿泥土。

負鼠

北美負鼠一胎能產下多達21個小寶寶，不過牠只有13個乳頭，所以不是全部負鼠寶寶都能存活下來。不過牠還是能同時餵哺許多寶寶！

群體生活

袋鼠是群體生活的動物。雄性袋鼠會進行「拳擊比賽」來爭奪雌性伴侶。牠們會誘導對手，用腳猛踢，以手捶打，還會扭打成一團，為了找出誰更厲害。

袋鼠的最高速度可達**每小時71公里**。

彈出來！

當小袋鼠變得強壯後，便會從育兒袋探出頭來看看這個世界。即使之後小袋鼠長大至無法住在育兒袋中，牠仍會在需要喝奶時回到育鼠袋裏，這個情況最少會持續數個月。

樹熊

樹熊寶寶會在育兒袋中成長約7個月，然後便會爬到媽媽的背上多待數個月。

環環相扣的世界

沒有生物能夠完全單靠自己生存。所有植物和動物都要依靠其他生物來生存，每種動物都需要尋找食物，不論那是葉子、肉或是糞便；每種植物只有在其他生物的養分令其根部周圍的土壤變得肥沃時，才能健康生長。植物和動物在食物鏈中互相連結，把珍貴的能量從一種生物傳遞至另一種生物。

食物網

生物之間的連繫非常複雜。許多動物會進食多於一種食物。我們把各種植物與動物之間的聯繫稱為食物網。

因為植物含有葉綠素，所以它們是綠色的。葉綠素會吸收陽光中的能量，轉化為生存所需的食物。

許多昆蟲，例如蝗蟲，都是依靠進食野草或其他植物為生。牠們都擁有能把植物切碎的口器。

食物鏈

植物會吸收陽光中的能量，並將之轉化為食物，讓植物能夠生長；草食性動物會吃掉植物；肉食性動物會吃掉草食性動物。這一連串的聯繫就形成了食物鏈。

草食性動物是食物鏈的第一層，所以稱為初級消費者。

肉食性動物是次級消費者，因為牠們是食物鏈的第二層。

植物稱為生產者，因為植物會自行生產食物，所以它們也是食物鏈的開端。

瞪羚會吃草和其他植物。牠們擁有能磨碎食物的牙齒，用來啃咬牧草，還有能消化粗韌葉子的胃部。

獅子會撲到瞪羚和其他動物身上，並用牠們強而有力的兩顎襲擊獵物。獅子會用牠們鋒利又尖銳的牙齒來撕咬肉塊。

狐獴會捕捉蝗蟲、蠍子和其他細小的動物。

蠍子會獵食蝗蟲和其他昆蟲，牠會利用兩隻大螯來抓住獵物。

鷹會俯衝而下，用鋒利的爪子抓走狐獴。

大掃除

在大自然中的所有東西都不會被白白浪費。食腐動物例如禿鷹、鬣狗等都會以死去的動物為食；分解者例如蠕蟲、糞金龜等會分解植物和動物的遺骸。這樣會令養分回歸土壤，並幫助植物生長。

禿鷹以動物屍骸為食。

細菌和蠕蟲會把各種物質分解，例如禿鷹享用完畢的動物屍骸。

公馬相鬥

生活在塞倫蓋蒂南部的斑馬會在每年年初的雨季期間交配繁殖，因為那時候會有大量青草可吃。公馬會互相打鬥，爭奪和母馬交配的機會。

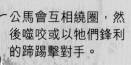

公馬會互相繞圈，然後嚙咬或以牠們鋒利的蹄踢擊對手。

斑馬

在非洲東部地區塞倫蓋蒂的遼闊草原上，斑馬正以家庭為羣落一同生活，稱為妻妾羣。典型的妻妾羣中包括了一匹公馬和數匹母馬，還有牠們的幼馬。斑馬的妻妾羣會組成龐大的羣體，由數百匹，甚至數千匹斑馬組成。牠們會追隨降雨，以獲得新鮮的牧草。

互相依偎

公馬和母馬會在交配前互相依偎輕拱。在妻妾羣中最受重視或佔優的母馬會繁殖得最頻密，而她的幼馬地位亦會較其他斑馬高。

獨自分娩

斑馬的懷孕期大約為一年多一點，代表塞倫蓋蒂的母馬必須在懷孕期間，行走一段漫長的路程。分娩時，母馬會離開族羣以避開例如獵豹、獅子、鬣狗等捕獵者。

每隻斑馬都有**獨特**的**條紋圖案**，就像條碼一樣。

不斷遷徙

每年斑馬族羣都會聯同牛羚的隊伍，沿着一條順時針的循環路線圍繞塞倫蓋蒂，以追蹤降雨的地方。到了冬天，斑馬便回到南方，準備好再次生兒育女。

啄牛鳥

這種鳥專門捕食在斑馬皮膚上出現的寄生蟲，包括會吸血的蜱蟲、跳蚤、牛蠅等。啄牛鳥也會在捕獵者接近時，以鳴叫聲向斑馬示警。

牛羚

斑馬和牛羚常被發現生活在混雜的族羣中，這兩種動物都會依循塞倫蓋蒂大遷徙的規律。不過牛羚的懷孕期比斑馬短得多。

斑馬幼駒

大部分小斑馬都會在1月至2月出生。小斑馬出生後沒多久便能站立起來，牠們會以媽媽的乳汁作為糧食長達1年。小斑馬很容易受攻擊，約有一半的小斑馬都是被捕獵者殺害的。

獵豹躲在長草叢中，以小斑馬為獵食目標。

啄牛鳥喜歡坐在斑馬的後背上搭便車。

長頸鹿

長頸鹿也生活在塞倫蓋蒂。不過，因為長頸鹿不會游泳或渡河，所以牠們不會參與大遷徙。牠們會藉由啃咬高聳的阿拉伯膠樹的樹枝，捱過乾旱的季節。

了解更多
在第88至89頁的鯊魚、第102至103頁的海龜和第108至109頁的皇帝企鵝，都是會依循季節性遷徙的規律來繁殖的動物。

冠海豹

雌性冠海豹只會哺育海豹寶寶4天。牠們乳汁的脂肪含量是所有哺乳類動物中最高的，因此海豹寶寶能夠迅速成長，並儲藏鯨脂來保暖。

黑犀牛

黑犀牛乳汁的脂肪含量是所有哺乳類動物中最低的。黑犀牛寶寶的成長得很緩慢，哺乳期可長達兩年。

鴿子

鴿子是少數會產生出類似乳汁的液體來餵養雛鳥的鳥類之一。這種液體是從鴿子喉部的一個肌肉囊中分泌出來的。

求愛

北極熊大約成長到5至7歲的時候就會發育成熟。在初夏，牠們就會開始尋找配偶。雄性北極熊會以腳印留下的氣味痕跡去追蹤雌性北極熊，然後牠們會短聚數天。

預備分娩

交配過後，北極熊的受精卵不會馬上在媽媽的子宮內發育，受精卵會等到秋天來臨才開始發育。這樣可以確保北極熊寶寶在春季食物較充裕的時候，能夠離開雪洞外出走動。為了預備分娩，雌性北極熊會挖掘出一個雪洞，然後舒舒服服地窩藏在洞裏。

雌性北極熊會在雪堆上挖出一個雪洞，而這個雪洞只比牠的身體略大。

冬季出生

大部分雌性北極熊都會在12月誕下一對雙胞胎小熊，並會以富含脂肪的乳汁餵養牠們。初生的北極熊寶寶非常細小，體重僅約500克。牠們看不見東西，身上披着短絨毛。

北極熊媽媽會依靠身體內儲存的脂肪存活長達8個月。

不斷成長

北極熊寶寶會留在媽媽身邊2至3年，並藉着海豹的脂肪迅速成長。當牠們能夠自立後，一般會獨自生活，只會在交配時與其他北極熊碰面。

北極熊

北極熊在北冰洋中漂浮的海冰上生活並生兒育女。這些兇猛的捕獵者亦是強壯的泳手，牠們能夠留在冰凍的海水中數小時。北極熊媽媽會留在幼熊身邊保護牠們，看顧着牠們在冰上玩耍。

冰上狩獵

春天是狩獵的好時機。許多海豹寶寶已經出生，而且周圍有許多海冰，因此北極熊能夠悄悄接近牠們的獵物。飢餓的北極熊媽媽能夠重拾力氣，並向牠的寶寶展示怎樣捕獵與游泳。

到了初春，北極熊寶寶已準備好爬出雪洞了。

離開雪洞

北極熊媽媽的乳汁脂肪含量非常高，有助北極熊寶寶快高長大。牠們會留在雪洞中數星期，直至寶寶長得夠強壯，能夠跟隨媽媽前往海冰的邊緣。

了解更多

請回到第108至109頁，重溫皇帝企鵝冬季時怎樣在地球另一端的南極誕下小寶寶。

北極熊的皮毛是透明的，而牠們的**皮膚是黑色的**！牠們看來一身雪白，是因為牠會反射光線。

裸鼴鼠

　　沒有任何哺乳類動物的生命周期像裸鼴鼠一樣特別。這些會挖地洞的齧齒目動物會聚集成龐大的族羣，在地底下一起生活，而裸鼴鼠族羣和蜂巢裏的蜂羣很相似。一隻佔主導地位的雌性——鼠后——會產下族羣內所有的裸鼴鼠寶寶。

曾經有圈養的雌性裸鼴鼠，在11年裏產下超過900隻裸鼴鼠寶寶。

根部和塊莖為裸鼴鼠族羣提供所需的食物和水分。

威力無窮的鼠后

族羣最巨大、最有攻擊性的成員，就是鼠后。牠的存在便足以阻止其他族羣成員繁殖。牠能在16年裏不斷產下裸鼴鼠寶寶，這些年對如此細小的齧齒目動物而言是很漫長的時間。

工鼠會走進鼠后的洞穴，抱住幼鼠，保持幼鼠溫暖。

大量寶寶

鼠后每窩產下的幼鼠，幾乎都比其他哺乳類動物多。每12至19星期，牠便會產下多達28隻裸鼴鼠寶寶。

裸鼴鼠寶寶正離開巢穴。

鼴鼠

裸鼴鼠是素食的齧齒目動物，而鼴鼠則是愛吃蠕蟲的挖洞高手。牠們的地域性很強，喜歡獨自生活。雄性和雌性鼴鼠只會為了交配而短暫相聚。

狐獴家族

狐獴是生活在地底洞穴的族羣，一對具主宰地位的狐獴負責產下狐獴寶寶，而其他族羣成員會協助育兒。

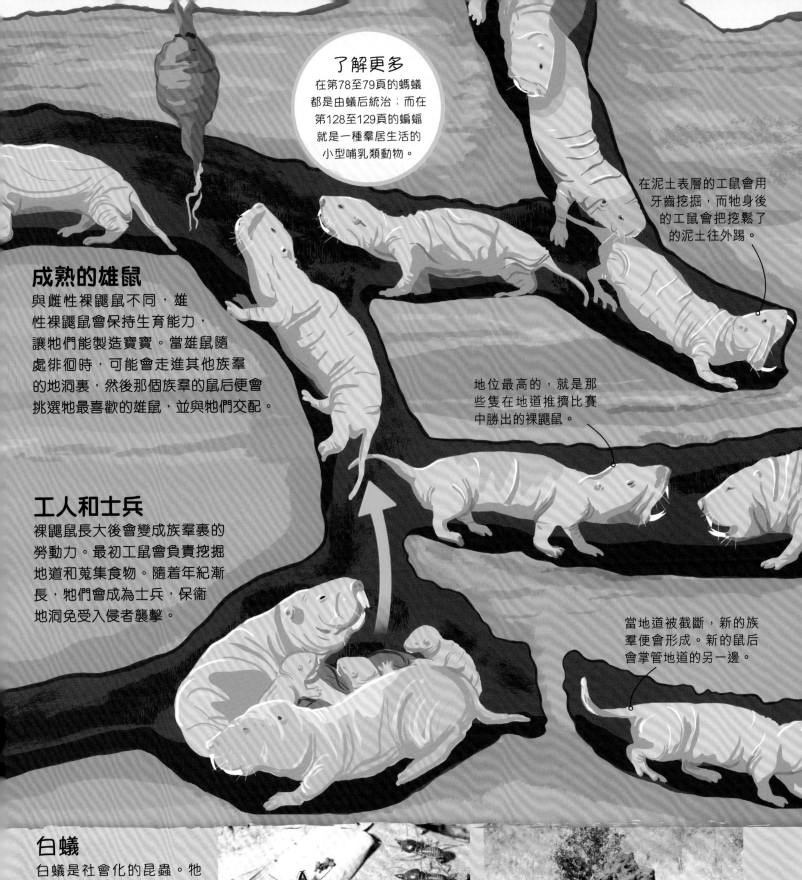

了解更多
在第78至79頁的螞蟻
都是由蟻后統治；而在
第128至129頁的蝙蝠
就是一種羣居生活的
小型哺乳類動物。

在泥土表層的工鼠會用
牙齒挖掘，而牠身後
的工鼠會把挖鬆了
的泥土往外踢。

成熟的雄鼠

與雌性裸鼴鼠不同，雄
性裸鼴鼠會保持生育能力，
讓牠們能製造寶寶。當雄鼠隨
處徘徊時，可能會走進其他族羣
的地洞裏，然後那個族羣的鼠后便會
挑選牠最喜歡的雄鼠，並與牠們交配。

地位最高的，就是那
些隻在地道推擠比賽
中勝出的裸鼴鼠。

工人和士兵

裸鼴鼠長大後會變成族羣裏的
勞動力。最初工鼠會負責挖掘
地道和蒐集食物。隨着年紀漸
長，牠們會成為士兵，保衞
地洞免受入侵者襲擊。

當地道被截斷，新的族
羣便會形成。新的鼠后
會掌管地道的另一邊。

白蟻

白蟻是社會化的昆蟲。牠
們生活的族羣中，由負責
生育的蟻后領導，並有工
蟻照顧蟻巢。一些白蟻品
種生活在蟻丘裏，內有非
常複雜的通道系統。

發育完成的棕蝠翼展大約為33厘米，而身長可達12厘米。雌性蝙蝠體型會較雄性蝙蝠略大。

了解更多
在第124至125頁裏的北極熊也會藉由冬眠捱過冬天。

棲身之所
到了早上，蝙蝠會回到牠們的棲身之所，例如樹洞、洞穴或建築物中。隨着夏季變成秋季，天氣變得較冷，蝙蝠會減少飛行，並花更多時間在牠們的棲息處中。

夏季捕獵
棕蝠大多會在溫暖、乾燥的夏夜裏飛行，因為這時候有大量昆蟲出現。有些蝙蝠會在午後出發，不過大部分蝙蝠都是在日落後2至3小時起活躍起來。牠們整夜都會不斷捕獵。

首次飛行
出世後的3至4星期時，蝙蝠寶寶會開始嘗試短途飛行。為了在黑暗中捕捉飛行的昆蟲，牠們會學習一種稱為回聲定位的技術。這種技術也有助蝙蝠辨別方向。

吸血蝙蝠
吸血蝙蝠會把牠們從獵物身上吸取的血液經消化後反芻，用來餵養蝙蝠寶寶。牠們甚至會以同樣做法餵哺其他蝙蝠家庭的寶寶。

回聲定位
吃昆蟲的蝙蝠會利用回聲定位，在晚間搜索牠們的獵物，並避免撞上其他物體。蝙蝠會發出叫聲，然後聆聽回音。如果附近有昆蟲或樹木，回音能讓蝙蝠得知它們的位置。

交配與冬眠

成年棕蝠會在9月交配。在冬季裏，周圍較少昆蟲出沒，棕蝠便會進入冬眠。牠們的體溫會下降，並完全停止飛行。牠們的體重會變輕，但仍能夠依靠身體裏的脂肪生存。

蝙蝠

蝙蝠是唯一能夠像鳥類一樣飛行的哺乳類動物。不過牠們並沒有羽毛，而是擁有由薄薄的皮膚所形成的蹼狀翅膀。有些蝙蝠以果實為食，不過大部分蝙蝠會吃昆蟲，包括了遍布整個北美洲的棕蝠。

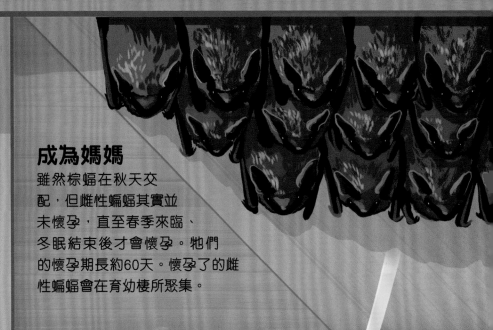

成為媽媽

雖然棕蝠在秋天交配，但雌性蝙蝠其實並未懷孕，直至春季來臨、冬眠結束後才會懷孕。牠們的懷孕期長約60天。懷孕了的雌性蝙蝠會在育幼棲所聚集。

蝙蝠對農民很有**益處**，因為牠們會**吃掉**可能傷害農作物和牲口的**昆蟲**。

照顧寶寶

從4月底至7月初，雌性蝙蝠會陸續產下一至兩隻蝙蝠寶寶。每隻蝙蝠寶寶都細小得能夠蜷起來繞着你的手指。在生命中的首數周，蝙蝠寶寶都非常脆弱。雌性會負責所有育兒工作，牠們甚至會幫忙照顧其他蝙蝠家庭的寶寶。

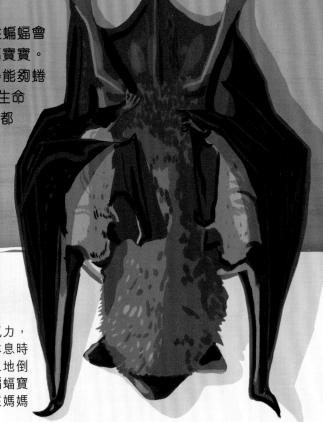

聰明飛蛾

有一種特別的飛蛾能夠干擾蝙蝠的回聲定位。藉由干擾其聲音系統，這種飛蛾能夠避免遭蝙蝠吃掉！

為了節省氣力，棕蝠媽媽休息時會頭下腳上地倒懸着，而蝙蝠寶寶會攀附在媽媽身上。

紅毛猩猩

紅毛猩猩是體形最巨大的樹棲類人猿。

他們運用長長的手臂和碩大的手掌，輕鬆地在印尼的熱帶雨林之間穿梭。他們的生命周期與大部分哺乳類動物相比較為緩慢。紅毛猩猩媽媽每6至8年才會生產一次，而一生中只會養育4至5隻紅毛猩猩寶寶。

紅毛猩猩可能會在樹上有大量果實長出時進行繁殖。

成雙成對

紅毛猩猩只會為了交配而短暫結為伴侶。雌性紅毛猩猩會受壯頎、具領導優勢的雄性那悠長的呼叫聲所吸引，這種叫聲在1公里外也能被聽見。

成熟的雄性紅毛猩猩臉上長有稱為凸緣的肉墊，這些肉墊對雌性來說也是富有吸引力的特徵。

媽媽與寶寶

雌性紅毛猩猩懷孕期長約8個月。寶寶一出生，紅毛猩猩媽媽便會利用樹枝來建造出一個睡眠平台，並以樹葉和樹枝搭建成舒適的小窩。紅毛猩猩寶寶會喝奶到大約兩歲，並留在媽媽身邊長達9年。

每晚紅毛猩猩媽媽都會爬進牠的小窩裏，牠的寶寶則緊緊地抓住牠。

了解更多

你可以回到第110至111頁，重溫也會長時間裏照顧自己子女的漂泊信天翁。

130

家庭生活

紅毛猩猩媽媽會讓寶寶留在自己附近。年幼的紅毛猩猩會以鬼臉和手勢來溝通。媽媽會教她的寶寶怎樣零找果實和築巢。

紅毛猩猩主要進食果實和嫩葉。他們也會吃樹皮和昆蟲，例如螞蟻和蟋蟀。

榴槤是紅毛猩猩最愛的食物。

步向成年

年輕的成年紅毛猩猩會學習爬樹，並逐漸純熟運用小樹枝作工具。紅毛猩猩不像其他猿類般喜愛社交，他們一般傾向獨自生活。

加州神鷲

這種鳥類能延後生蛋，讓牠們可花更長時間照顧雛鳥，時間最多可長達兩年。加州神鷲父母都會幫忙孵蛋，並會教導雛鳥飛行。雛鳥出生後第一年大部分時間都會留在鳥巢裏。往第二年間，加州神鷲父母便會教雛鳥怎樣覓食。

大象

像紅毛猩猩一樣，雌性大象會長時間照顧孩子，可能長達8年。最初，大象寶寶會緊緊跟隨媽媽，學習怎樣跟隨上象羣。當牠們年紀漸長，便會學習怎樣運用象鼻和覓食。

人類的演化

如果你正在閱讀這本書，那你肯定是個人類。人類是唯一發展出書寫文字的物種。這是其中一件我們能做到，並且令我們變得獨一無二的事情，其他例子還有說話、制定計劃等。這一切都要歸功於人類數百萬年來逐漸產生的變化，也就是演化所致。

石製手斧可用來砍劈及切割物件。

石製的工具

原始人類開始利用雙手製造簡單的石製工具，用來切割肉類和植物。這就是我們稱為「石器時代」的開端。

黑猩猩也是我們譜系圖中的一員。

哺乳類演化

早期的哺乳類動物是一些細小的動物，由爬行類動物的祖先演化而生。當一顆大型隕石撞擊地球時，恐龍佔領地球的時代便結束了，留下了讓哺乳類動物演化的空間。

物種分裂

人類和黑猩猩的祖先逐漸開始分裂成不同的物種。黑猩猩的祖先在樹上生活，並利用牠們的雙臂和雙腿行走，而我們最親近的祖先則開始在地面生活。

到了這時候，我們的祖先已能夠直立及只用雙腿行走。

族譜第一人

在這時候，地球上出現了一些動物，樣子和現今的紅毛猩猩和黑猩猩有些相似。牠被視為包括人類在內的物種中，其中一個最早期的個體。

6,500
萬年前

我們的整個物種稱為人科。

1,200
萬年前

我們的祖先開始花上更多時間在地面活動。

1,000
萬年前

350
萬年前

生火的技術幫助人類煮食、保暖及保護自己。

170
萬年前

10
萬年前

250
萬年前

1.2
萬年前

最終除了南極洲,人類遍布在地球上每個角落。

變得更聰明

石製的工具幫助早期人類獲得較多種類的食物。他們製作工具的技術越高超,生存的能力便越強。製作工具需要思考,因此我們最聰明的祖先便成為了成功的生存者。

遷徙的人類

首批和我們相似的物種在非洲逐漸出現。他們的一部分成員逐漸離開了非洲,前往新的大陸。有些地區擁有寒冷的氣候與奇異的動物,例如長毛猛獁象。

早期的拓荒者開始種植農作物及馴養動物,以獲得動物的奶和毛。

狩獵與語言

隨着我們的祖先變得更聰明,他們懂得製造出更好的工具,用來捕捉體型較大的動物。這是非常危險的事情,所以人類要有周詳計劃,並以團隊形式狩獵。這需要聰敏的思維,更要分享不同的想法,促使人類發展出語言。

早期人類會以長矛捕捉長毛猛獁象。

定居

人類需要定期遷徙,以捕捉動物。然後有些人類開始選定一個地方務農。他們建造房子,開墾農田,漸漸形成小鎮和城市,互相貿易,並慢慢建立了我們的現代世界。

嬰兒期

在出生後的第一年裏，小寶寶會快速長大，但仍需要完全依賴父母照顧、提供食物與保護。當肌肉變得較強壯後，小寶寶便會開始爬行，並逐漸學會走路。他們也許會說出他們首次學會的字詞。

童年

兒童會以穩定的速度成長，並學習不同的技巧，例如跑步、說話、閱讀等。他們也會學習和同伴一起玩耍。所有兒童都會以不同的速度發展。

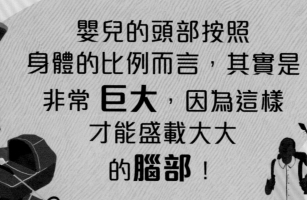

嬰兒的頭部按照身體的比例而言，其實是非常 **巨大**，因為這樣才能盛載大大的**腦部**！

分娩

母親的子宮會收縮，把小寶寶推擠到外面的世界去。像所有哺乳類動物一樣，人類會以乳汁餵養小寶寶。媽媽一般每次只會誕下一個小寶寶，但有些會生下雙胞胎，或者偶然會生下更多小寶寶！

成長

青少年會發展出成年人的體型，變得更獨立於父母。他們開始能夠透過性交繁殖，這階段稱為青春期。

受精

嬰兒需要由男性和女性一起製造。女性的其中卵子細胞會與男性的精子細胞結合，這個過程稱為受精。這就是人類生命的開始。

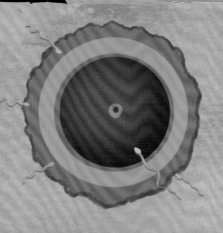

胚胎

在女性的子宮裏，受精卵會一次又一次地分裂，以形成胚胎。胚胎就是由數以百萬計細胞組成的小小人類。到了8週大，胚胎的臉孔、四肢和內臟都已成形。

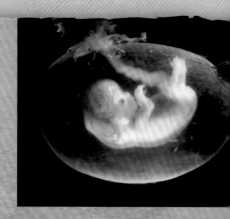

年輕的成人

到了大約20歲，人類的身體已經發育完成。年輕人能夠獨立生活，也許會與人建立起親密的性關係，他們也許會嘗試懷孕生子。

中年

到了40至60歲，儘管老化的跡象開始浮現，人類的思維與理性卻達到高峯。有些成人仍能生孩子，並養育他們。到了中年後期，女性便再無法生育。

人類

　　我們是智人，是一種有智慧的哺乳類動物，甚至能存活超過100年。人類父母會照顧子女很多年，時間比大部分哺乳類動物都要長。在世界各地，人類有很大的差異，例如身高、體重、外表等。

老年

在人類生命周期的最後階段中，老化的明顯徵狀會陸續出現，包括頭髮變白、皮膚有皺紋、視力與聽力變差、關節僵硬等。這些「狀態放緩」的情況，能夠藉由定期運動與健康飲食來減輕。

了解更多
在130至131頁中，重溫人類的近親之一紅毛猩猩，會怎樣長期照顧自己的幼兒。

懷孕期

胚胎會在媽媽的子宮裏發育9個月，直至出生。到了第12週，胎兒會長出指甲。胎兒到24週時便能夠認出媽媽的聲音。一個月後，胎兒的頭髮開始生長，眼瞼也能打開。

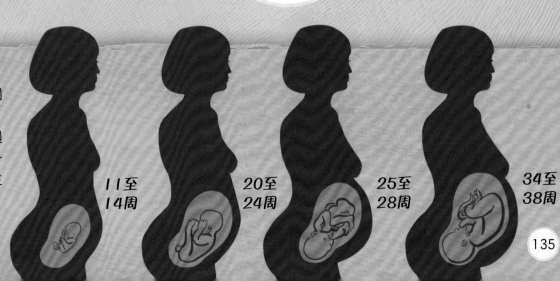

11至14周

20至24周

25至28周

34至38周

我們怎樣影響地球上的生命

　　人類對地球有着毀滅性的影響。我們燃燒化石燃料來為我們的家居與城市提供電力，並產生出大量垃圾。我們一直胡亂運用地球的資源，彷彿這些資源是無窮無盡的，令許多不同種類的動物與植物生命受危。不過，只要我們改變生活習慣和行為，我們仍能保護其他生物的生命周期。

各種污染

隨着地球人口增加，我們會使用更多資源，並產生更多垃圾。汽車、工廠和垃圾會污染空氣、陸地和海洋，傷害動物和植物。海洋生物會把流落大海的塑膠吃掉，令自己和其他捕食牠們的動物受害。

問題……

全球暖化

當我們燃燒化石燃料以產生電力時，我們會增加大氣層裏的二氧化碳，導致全球暖化，全球溫度會升得更高，對環境造成重大影響。

綠色能源

新科技令我們產生能源的同時，不會增加全球暖化與污染。這些對環境友好的能源稱為綠色能源，例如風能、潮汐能、太陽能等。

破壞棲息地

我們運用了百分之三十的地球土地來生產食物、餵飼動物和生產能源。砍伐樹木以開墾更多土地的過程稱為伐林，導致地球失去過半數的樹木，威脅許多動物和植物的家園。

野生農法

我們能夠藉由種植多元化的農作物，並為鳥類和授粉動物重建棲息地，以增加一個地區的動植物種類。這種做法稱為野生農法。

過度捕獵

獵人會殺死大象以取得象牙、殺死老虎剝取虎皮和骨骼，還有殺死犀牛以取牛角。這些獵殺行為每年導致數百萬頭動物死亡，更導致許多物種滅絕。

減少廢物

循環再造是把廢物轉化為新物料的過程。配合重用物件而非隨意丟棄，有助節省資源以保護環境。

全球每天都有物種因為人類的活動而滅絕。

詞彙表

abdomen 腹部
動物身體的一部分，內有消化器官及生殖器官。

algae 藻類
結構簡單、類似植物的生物，會利用陽光的能量自行製造食物。

alloparenting 異親撫育
指年幼的動物由不是其父母的成年動物照顧養育。

anadromous 溯河洄游
形容三文魚等魚類從鹹水區遷徙至淡水區繁殖產卵。

asexual reproduction 無性繁殖
只涉及一名父母的生殖行為。

atmosphere 大氣層
包圍住一個行星的氣體層。

black dwarf 黑矮星
白矮星冷卻後留下的漆黑、死寂的物質。

black hole 黑洞
太空的一個區域，引力非常強大，甚至連光也無法逃脫。當大型恆星向自己內部塌陷時，便會形成黑洞。

breeding 繁殖
指藉由交配產生後代(年幼的生物)。

chrysalis 金蛹
蝴蝶或飛蛾的蛹。

clone 複製品
指和父母完全相同的植物或動物。複製品是透過無性繁殖產生的。

cocoon 繭
由絲製成的外殼，能保護化為蛹的昆蟲。

colony 羣體
指相同種類、緊密地居住在一起的生物。

commensalism 偏利共生
生物之間的關係，當中只有其中一種生物獲利，其他生物沒有得到好處，也沒有受害。

conservation 保育
保護自然界的工作。

courtship 求偶
動物在交配前的行為，能令雄性與雌性之間建立聯繫。

crust 地殼
地球堅硬的最外層。

deciduous 落葉植物
落葉植物會在同一時間失去所有葉子，令植物變得光禿禿的。它們會在來年長出新葉子。

decomposing 分解
指腐爛或腐化。動物和植物死亡後，它們的遺體便分解。

drupe 核果
一種富有果肉的果實內裏藏有堅硬、像石頭一般的種子。椰子、李子、櫻桃和桃都是核果。

egg 卵子
雌性生殖細胞，受精後能發育成新的動物。有些卵子會在母親體內發育，有些動物則會產卵。鳥類和爬行類動物的卵子會由硬殼包裹。

embryo 胚胎
動物或植物發育的早期階段。

endangered 瀕危
指面臨滅絕(全部個體死亡)的危機。

erosion 侵蝕
指岩石被風、流水或者冰川中移動的冰塊磨損並帶走。

evaporation 蒸發
液體轉化為氣體的過程。

evergreen 常綠植物
指不斷落葉及重新長出葉子的植物，亦因此植物永不會沒有葉子。

exoskeleton 外骨骼
部份動物被堅硬的外層骨骼包裹着。

fertilization 受精
雄性和雌性生殖細胞結合，以產生新的生物。

foetus 胎兒
尚未出生的哺乳類動物，處於發育較後期的階段。

fruit 果實
成熟了的花朵雌性部分，裏面藏有種子。有些果實擁有多汁的外層，以吸引動物把它們吃掉，幫助傳播種子。

fungi 真菌
一種生物，會從身邊的生物或死物之中吸收食物與養分。

galaxy 星系
非常龐大的集合，由星體與氣體及塵埃團組成。

germinate 發芽
指種子開始生長。

hermaphrodite 雌雄同體
同時擁有雄性和雌性生殖器官的生物。蚯蚓是雌雄同體的。

hibernation 冬眠
一種類似睡眠的狀態，有助動物活着度過冬天。

host 宿主
為寄生蟲提供食物的生物。

igneous rock 火成岩
在地底的岩漿冷卻，或是當地面的熔岩凝固時形成的岩石。

incubate 孵化
保持卵子溫暖，直至幼體準備孵化。

larva 幼蟲
年幼的動物，與父母毫不相似，並藉由完全變態變為成蟲。

lava 熔岩
熾熱、融化了的岩石，從火山噴發至地球表面。

litter 窩
指一隻動物一次產下的一羣幼體。

magma 岩漿
熾熱、熔化了的岩石，藏在地球表面下方。

mammary glands 乳腺
雌性哺乳類動物的身體部分，能製造乳汁餵養幼兒。

mantle 地幔
地球的柔軟內層，位於外層的地殼與內層的地心之間。

mating 交配
雄性和雌性動物在有性繁殖的過程中相交。

membrane 膜
一層薄薄的屏障。

metamorphic rock 變質岩
由現存岩石因熱力與壓力而形成的新岩石。

metamorphosis 變態
年幼動物發育至成年時身體形態出現的劇變。

migration 遷徙
動物前往新地方繁殖或覓食的季節性旅程。

moult 蛻皮
指動物定期掉落外層皮膚，以助生長。

nebula 星雲
太空中巨大的一團氣體與塵埃(複數：nebulae)。

nectar 花蜜
花朵產生的含糖液體，用以吸引授粉動物。

nut 堅果
堅硬、乾燥的果實，裏面含有單一顆種子。

nutrient 養分
生物吸取的物質，可幫助牠生存及成長。

nymph 若蟲
年幼的昆蟲，樣子和父母相似，但沒有翅膀，也不能繁殖。若蟲會透過不完全變態發育。

Pangaea 盤古大陸
大約在3.2億至2億年前存在的超級大陸，其後分裂成不同部分。

parasite 寄生蟲
一種生物，生活於被稱為宿主的其他物種身上或體內。

parthenogenesis 孤雌生殖
無性繁殖的其中一種形式，生物的後代會從未受精的雌性生殖細胞發育出來。這些幼體都是母體的複製品。

pod 族羣
專指海洋哺乳類動物的族羣，例如海豚和鯨類。

pollination 授粉
將花粉由花朵的雄性部分轉移到雌性部分。授粉在花朵的有性繁殖過程中不可或缺。

polyp 水螅體
指有中空圓柱形身體的海洋動物，其嘴巴周圍長有觸手。水螅體是珊瑚生命周期中其中一個階段。

predator 捕食者
殺害及進食其他動物的動物。

prey 獵物
被其他動物殺死並吃掉的動物。

proboscis 口器
長而靈活的鼻子或嘴巴的部份。蝴蝶和飛蛾會用口器來吸食花朵裏的花蜜。

protostar 原恆星
年輕的恆星，它是在一團熾熱、不停旋轉的氣體和塵埃發生核反應時形成的。

pupa 蛹
部分昆蟲的生命周期中一個靜止的階段，在這階段中昆蟲會透過完全改變身體形態的過程(完全變態)，由幼蟲發育至成蟲。

red giant 紅巨星
巨大、明亮的紅色恆星，表面溫度較低。

reproduction 生殖
指產生後代(幼體)的過程。 生殖可分為有性繁殖和無性繁殖。

sediment 沉積物
一些堆積在湖泊、河流和大海底部的細小岩石、生物遺骸及化學物質。

sedimentary rock 沉積岩
由沉積物形成的岩石。一層層的沉積經過擠壓並黏在一起，直至變成岩石。

seed 種子
含有植物胚胎和食物儲備的小囊。

sex cell 生殖細胞
涉及生殖過程的細胞，可能是雄性(精子細胞)或雌性(卵子細胞)。

sexual reproduction 有性繁殖
涉及雄性與雌性的生殖行為。

sperm 精子
一種雄性生殖細胞。

spore 孢子
由真菌或植物生產的單一細胞，能長成新的個體。

supercontinent 超級大陸
指地球上所有或大部分大洲組成的單一、幅員廣闊的大片土地。

tadpole 蝌蚪
青蛙或蟾蜍的細體。蝌蚪會透過牠們的鰓而非肺部呼吸，牠們也有一條長尾巴。

tectonic plate 板塊
組成地球的堅固外殼的岩石塊。

territory 領地
被動物佔領的範圍，動物會打擊對手，保護領地。

umbilical cord 臍帶
一條會把血液從母親輸送到未出生動物的長帶。

uterus 子宮
雌性哺乳動物的身體部分。寶寶會在子宮內發育，直至出生。

weathering 風化
岩石和礦物質磨損成沉積物的過程。

white dwarf 白矮星
當一個中等大小的恆星死亡後，留下的密度高、熾熱、會發光的核心。

中英對照索引

鳴 謝

出版社感謝以下各方慷慨授權讓其使用照片：

(Key: a-above; b-below/bottom; c-centre; f-far; l-left; r-right; t-top)

11 Alamy Stock Photo: Granger Historical Picture Archive (cra). NASA: JPL / STScI Hubble Deep Field Team (cr). 12 Dorling Kindersley: NASA (bc). NASA: NASA Goddard (br). 16 NASA: Aubrey Gemignani (br); JPL / USGS (bc). 18 Getty Images: Chris Saulit (cla). NASA: ESA (bl). 22 Dorling Kindersley: Natural History Museum, London (bc). Dreamstime. com: Mikepratt (br). 23 Dorling Kindersley: Katy Williamson (bc). Dreamstime.com: Yekaixp (br). 25 123RF.com: welcomia (cra). 26 Dorling Kindersley: Dorset Dinosaur Museum (br); Royal Tyrrell Museum of Palaeontology, Alberta, Canada (bc). 27 123RF.com: Camilo Maranchón García (br). Dreamstime.com: Likrista82 (bc). 29 Dreamstime.com: Toniflap (cra). 30 Alamy Stock Photo: Nature Picture Library (br). Dreamstime.com: Kelpfish (bc). 31 Dorling Kindersley: Museo Archeologico Nazionale di Napoli (br). Dreamstime. com: Dariophotography (bc). 33 Alamy Stock Photo: Peter Eastland (cr). Dreamstime. com: Anizza (cra); Yurasova (br). 35 Dreamstime. com: Benjaminboeckle (cr); John Sirlin (cra). NASA: Jesse Allen, Earth Observatory, using data provided courtesy of the MODIS Rapid Response team (br). 37 Alamy Stock Photo: Tsado (br). iStockphoto.com: Francesco Ricca Iacomino (cra). 38 Dreamstime.com: Rudolf Ernst (bl). NASA: Jeremy Harbeck (bc). 39 Dreamstime. com: Staphy (br). 40 Dorling Kindersley: Oxford University Museum of Natural History (br). Dreamstime.com: Kseniya Ragozina (bc). 41 Dreamstime.com: Michal Balada (bc); Delstudio (br). 42 Alamy Stock Photo: Universal Images Group North America LLC / DeAgostini (cb). 43 Dreamstime.com: Digitalimagined (cl); Michael Valos (clb). 44 123RF.com: Pablo Hidalgo (clb). Dreamstime.com: Danakow (tr). 45 Dreamstime.com: Johncarnemolla (c). 46 Science Photo Library: Biozentrum, University Of Basel (bl); Dr. Richard Kessel & Dr. Gene Shih, Visuals Unlimited (cla); Steve Gschmeissner (cl). 50 Alamy Stock Photo: Krusty / Stockimo (ca). Dreamstime. com: Anest (cb); Hilmawan Nurhatmadi (clb); Martingraf (cr). 51 Alamy Stock Photo: Colin Harris / era-images (c). Dreamstime. com: Paulgrecaud (tr). 52 Dreamstime. com: Alima007 (br). Getty Images: Ashley Cooper (bc). 53 123RF.com: avtg (br). Dreamstime. com: Mykhailo Pavlenko (bc). 55 Dreamstime. com: Luca Luigi Chiaretti (crb); Hotshotsworldwide (cra). 57 Alamy Stock Photo: Stanislav Halcin (cra). 59 Alamy Stock Photo: imageBROKER (cr); Nathaniel Noir (cra). 60-61 Dreamstime. com: Fiona Ayerst (bc). 61 Dreamstime.

com: Ryszard Laskowski (bc). 62 Dreamstime. com: Max5128 (br); Photodynamx (bc). 63 Dreamstime.com: Jukka Palm (bl). 65 Dreamstime.com: Peerapun Jodking (cra). 66 Alamy Stock Photo: Rick & Nora Bowers (bl); Travelib Prime (cla). 71 123RF.com: Andrea Izzotti (cr). Dreamstime.com: Stephankerkhofs (cra). Getty Images: Auscape / Universal Images Group (br). 73 Alamy Stock Photo: F.Bettex - Mysterra.org (cr). Dreamstime.com: Jeremy Brown (br); Secondshot (cra). 74 Dorling Kindersley: Jerry Young (cl). Dreamstime. com: Benoit Daoust / Anoucketbenoit (bl). 76 Dreamstime.com: Rod Hill (tr). naturepl. com: Premaphotos (tc). 77 Alamy Stock Photo: Blickwinkel (tc). Dreamstime.com: Geza Farkas (tr). 79 Alamy Stock Photo: NaturePics (tr). 81 Dreamstime.com: Isabelle O'hara (cra). Getty Images: De Agostini Picture Library (br). 83 Alamy Stock Photo: Tom Stack (cra). Dreamstime.com: Isselee (br). 84 Alamy Stock Photo: National Geographic Image Collection (br). 85 Dorling Kindersley: Jerry Young (br). naturepl.com: Premaphotos (bc). 86 Dreamstime.com: Seadam (crb). naturepl. com: Alex Mustard (tr); Doug Perrine (cl). 87 naturepl.com: Uri Golman (tc); Norbert Wu (cl); Pascal Kobeh (cr). 88 Alamy Stock Photo: Image Source (br). 89 Alamy Stock Photo: Ross Armstrong (bc). Dreamstime.com: Nic9899 (br). 91 123RF.com: Michal Kadleček / majk76 (br). Alamy Stock Photo: imageBROKER (cr). 93 123RF.com: David Pincus (cr). Alamy Stock Photo: Helmut Corneli (cra); David Fleetham (br). 95 Alamy Stock Photo: Minden Pictures (br); Nature Photographers Ltd (cr). 99 Dreamstime. com: Altaoosthuizen (cra); William Wise (cr); Elantsev (br). 100 123RF.com: Iurii Buriak (br). 101 Getty Images: Frans Sellies (br). 102 Dreamstime. com: Asnidamarwani (br); Patryk Kosmider (bc). 105 Alamy Stock Photo: Avalon / Photoshot License (br). Dreamstime.com: Maria Dryfhout / 14ktgold (cr). 106 FLPA: Mike Parry (bc). 107 Dreamstime.com: Melanie Kowasic (br). 109 Getty Images: Fuse (cra); Eastcott and Yva Momatiuk / National Geographic (br); Paul Nicklen / National Geographic (cr). 111 Dreamstime. com: Isselee (cra). naturepl.com: Yva Momatiuk & John Eastcott (cr). 112 Dreamstime.com: Menno67 (bc); Wildlife World (br). 113 Alamy Stock Photo: Avalon / Photoshot License (bc). 114 Dreamstime.com: Mikelane45 (bc); Mogens Trolle / Mtrolle (br). 115 FLPA: Otto Plantema / Minden Pictures (br). 117 Alamy Stock Photo: Reinhard Dirscherl (cra). Dorling Kindersley: Jerry Young (cr). naturepl.com: Matthias Breiter (br). 119 123RF.com: Eric Isselee / isselee (br). Alamy Stock Photo: All Canada Photos (cr). Dreamstime. com: Marco Tomasini / Marco3t (cra). 120 Dreamstime.com: Tropper2000 (cra); Rudmer Zwerver (cr). 121 123RF.com: Andrea Marzorati (tl); Anek Suwannaphoom (ca). Dreamstime. com: Ecophoto (cl); Simon Fletcher (cr). iStockphoto.com: S. Greg Panosian (tr). 123 123RF.com: mhgallery (cr). Dreamstime.

com: Chayaporn Suphavilai / Chaysuph (br); Mikelane45 (cra). 124 Alamy Stock Photo: Arco Images GmbH (cla). Dreamstime. com: Khunaspix (bl). 126 Corbis: image100 (bc). 127 Dreamstime.com: Volodymyr Byrdyak (br); Trichopcmu (bc). 128 Dorling Kindersley: Jerry Young (clb). 129 naturepl. com: John Abbott (bl). 131 123RF.com: Duncan Noakes (cr). Dreamstime.com: Rinus Baak / Rinusbaak (tr). 132 123RF.com: Uriadnikov Sergei (c). 134 Science Photo Library: Dr G. Moscoso (br). 136 Dreamstime.com: Smithore (cr); Alexey Sedov (cl). 137 123RF.com: gradts (cra); Teerayut Ninsiri (cr). Dreamstime.com: Cathywithers (clb); Elantsev (tl); Oksix (br)

All other images © Dorling Kindersley
For further information see: www.dkimages.com

DK 希望向以下人士表達感謝：
Caroline Hunt for proofreading; Helen Peters for the index; Sam Priddy for editorial input; Nidhi Mehra and Romi Chakraborty for hi-res assistance.

About the illustrator
Sam Falconer is an illustrator with a particular interest in science and deep time. He has illustrated content for publications including *National Geographic, Scientific American,* and *New Scientist.* This is his first children's book.